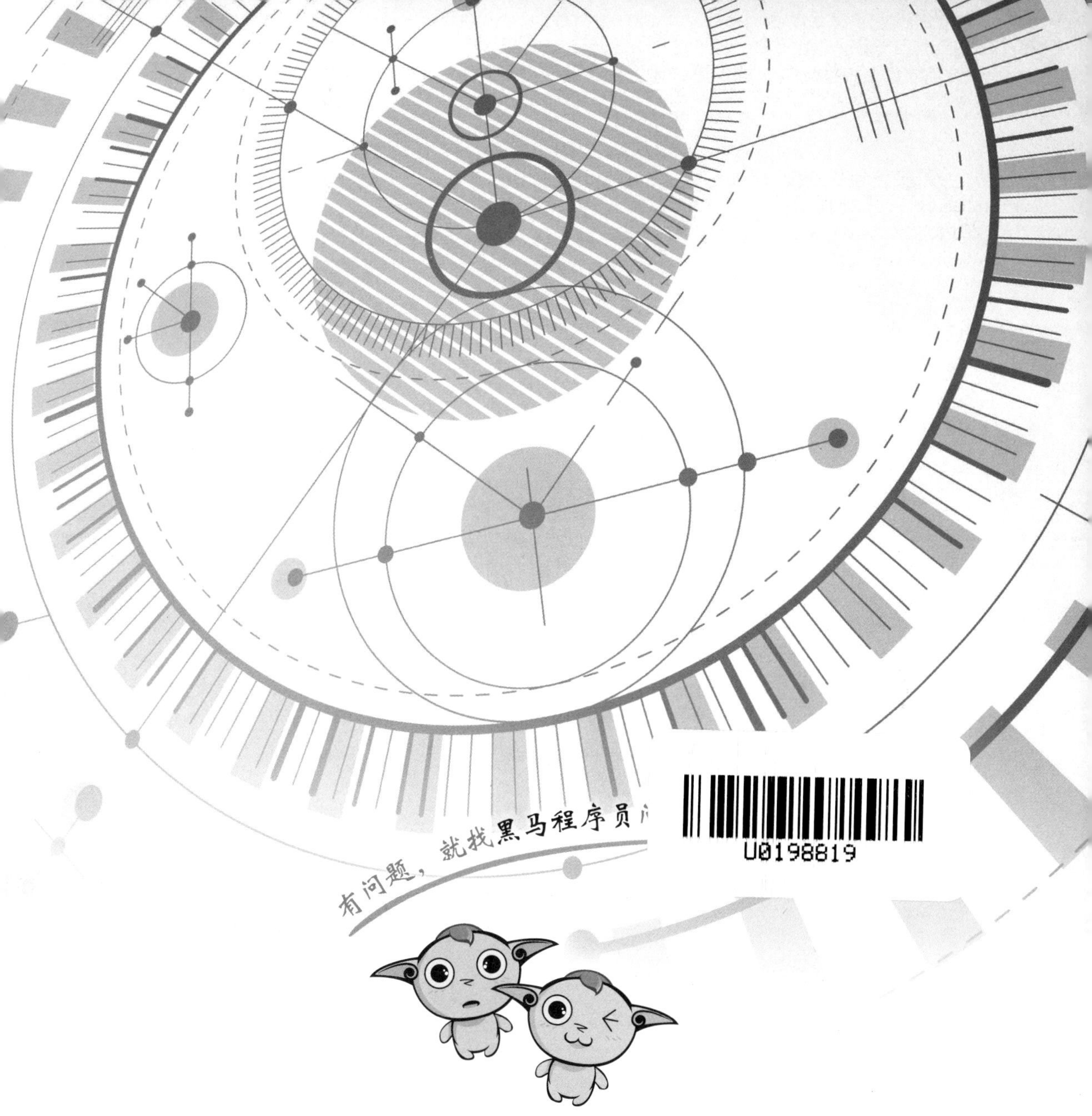

微服务架构基础

Spring Boot+Spring Cloud+Docker

黑马程序员◉编著

人 民 邮 电 出 版 社

北 京

图书在版编目（CIP）数据

微服务架构基础 : Spring Boot+Spring Cloud+Docker / 黑马程序员编著. -- 北京 : 人民邮电出版社, 2018.4
ISBN 978-7-115-44320-5

Ⅰ. ①微… Ⅱ. ①黑… Ⅲ. ①互联网络－网络服务器 Ⅳ. ①TP368.5

中国版本图书馆CIP数据核字(2017)第325569号

内 容 提 要

本书以 Spring Boot+Spring Cloud+Docker 技术为基础，从当下流行的微服务架构理念出发，详细讲解了微服务和微服务架构方面的技术知识。全书共分为四部分：第一部分“微服务概述”，主要讲解微服务的由来、概念、特点和微服务架构等；第二部分“微服务的开发”，主要讲解微服务开发框架 Spring Boot 的使用；第三部分“微服务架构的构建”，主要讲解如何使用 Spring Cloud 的相关组件来构建微服务架构；第四部分“微服务的部署”，主要讲解 Docker 技术，以及如何在 Docker 中部署微服务项目。

本书适合所有 Java 开发人员，尤其适合正在学习微服务，以及正在尝试使用微服务架构开发项目的人员阅读和参考。

◆ 编　　著　黑马程序员
　责任编辑　范博涛
　责任印制　马振武

◆ 人民邮电出版社出版发行　　北京市丰台区成寿寺路 11 号
　邮编　100164　　电子邮件　315@ptpress.com.cn
　网址　http://www.ptpress.com.cn
　北京隆昌伟业印刷有限公司印刷

◆ 开本：787×1092　1/16
　印张：12　　　　　2018 年 4 月第 1 版
　字数：293 千字　　2018 年 4 月北京第 1 次印刷

定价：35.00 元

读者服务热线：(010) 81055256　印装质量热线：(010) 81055316
反盗版热线：(010) 81055315
广告经营许可证：京东工商广登字 20170147 号

序 言 PREFACE

江苏传智播客教育科技股份有限公司（简称传智播客）是一家致力于培养高素质软件开发人才的科技公司，“黑马程序员”是传智播客旗下高端 IT 教育品牌。

“黑马程序员”的学员多为大学毕业后，想从事 IT 行业，但各方面条件还不成熟的年轻人。“黑马程序员”的学员筛选制度非常严格，包括了严格的技术测试、自学能力测试，还包括性格测试、压力测试、品德测试等。百里挑一的残酷筛选制度确保学员质量，并降低企业的用人风险。

自“黑马程序员”成立以来，教学研发团队一直致力于打造精品课程资源，不断在产、学、研 3 个层面创新自己的执教理念与教学方针，并集中“黑马程序员”的优势力量，有针对性地出版了计算机系列教材 50 多册，制作教学视频数十套，发表各类技术文章数百篇。

“黑马程序员”不仅斥资研发 IT 系列教材，还为高校师生提供以下配套学习资源与服务。

为大学生提供的配套服务：

1. 专业的辅助学习平台“博学谷”（http://yuanxiao.boxuegu.com），专业老师在线为您答疑解惑。

2. 针对高校学生在学习过程中存在的压力等问题，我们还面向大学生量身打造了“播妞”。“播妞”不仅致力推行快乐学习，还会有定期的助学红包雨。同学们快来添加“播妞”微信/QQ：208695827。

3. 高校学生也可扫描下方二维码，加入“播妞”粉丝团，获取最新学习资源，与“播妞”一起快乐学习。

为 IT 教师提供的配套服务：

针对高校教学，“黑马程序员”为 IT 系列教材精心设计了“教案+授课资源+考试系统+题库+教学辅助案例”的系列教学资源，高校老师请关注码大牛老师微信/QQ：2011168841，获取配套资源，也可以扫描下方二维码，加入专为 IT 教师打造的师资服务平台——“教学好助手”，获取“黑马程序员”最新教师教学辅助资源的相关动态。

传智播客和黑马程序员

前言 FOREWORD

为什么要学习本书

最近两年，微服务一词逐渐地进入了技术人员的视野，并已成为当下最火的技术名词之一。这里的微服务并不是指某一个技术或者某个服务，而是一种理念。通过此理念的使用，逐渐地发展出了一种流行的架构——微服务架构。

微服务架构是指由一系列职责单一的细粒度服务构成的分布式网状结构，其基本思想在于围绕着业务领域创建应用，这些应用可独立地进行开发和管理。简单来说，微服务架构的目的就是有效拆分应用，实现敏捷开发和部署。

微服务架构适合有一定的扩展复杂度，且有很大用户增量预期的应用。通常来说，比较适合新兴的互联网公司项目或有升级需求的传统企业应用。随着技术的不断发展，各种企业对微服务架构的使用需求将越来越多。

虽然使用微服务架构技术的市场需求在不断增加，但掌握相关技术的人员却很少。尤其当前市面上的相关资料、书籍并不多，且讲解 Spring Boot+Spring Cloud+Docker 技术的资料更是少之又少，这也在一定程度上制约了微服务架构技术的发展。

为了帮助更多的技术人员了解并掌握微服务架构技术的使用，本书以通俗易懂的语言、典型翔实的案例，对微服务架构技术的使用进行详细讲解。对于想快速学习微服务技术的人员，以及对 Spring Boot、Spring Cloud 和 Docker 有兴趣的人员来说，本书将是您很好的选择。

如何使用本书

本书适用于具有一定 Java Web 框架（如 Spring 框架）、Maven 工具和 Linux 系统使用基础的技术人员，以及对微服务感兴趣的业务人员学习。对于想深入学习的非技术人员，建议先掌握 Java 框架技术、Maven 工具以及 Linux 系统的使用。

本书在 Spring Boot + Spring Cloud + Docker 的基础上，详细讲解了微服务架构技术使用的相关知识。在编写时，作者力求将一些非常复杂、难以理解的思想和问题简单化，使读者能够轻松、快速地掌握这些知识点。

本书共 10 章，每章的内容如下。

- 第 1 章讲解微服务及其相关的技术。主要包括微服务和微服务架构的概念、产生背景、微服务架构的优势与不足、如何搭建微服务架构，以及如何选择微服务架构技术。通过本章的学习，读者将对微服务及其相关概念有一定的了解，并熟识常用的微服务架构技术。
- 第 2 章对 Spring Boot 的由来、特点、使用要求、入门程序以及工作机制进行详细讲解。通过本章的学习，读者可以体会到 Spring Boot 框架的方便和高效，并能了解 Spring Boot 的执行过程。

• 第 3 章讲解如何使用 Spring Boot 与其他技术进行集成开发，内容包括 Spring Boot 与 MyBatis 框架的集成、与 Redis 的集成，以及与 ActiveMQ 的集成。通过本章的学习，读者将熟悉如何在实际开发中应用 Spring Boot。

• 第 4 章讲解微服务架构中的服务发现以及客户端负载均衡。服务发现是通过 Spring Cloud Eureka 实现的，而客户端负载均衡是通过 Spring Cloud Ribbon 实现的。

• 第 5 章讲解微服务架构中的服务容错保护、API 网关服务，以及分布式配置管理的使用知识，其中服务容错保护使用的是 Spring Cloud Hystrix，API 网关服务使用的是 Spring Cloud Zuul，分布式配置管理使用的是 Spring Cloud Config。学习完本章后，结合前面所学知识，读者将可以搭建一个比较完整的微服务架构。

• 第 6 章讲解 Docker 入门的一些基础知识，内容包括 Docker 的概念和特点、安装要求和安装方式，以及运行机制。通过本章的学习，读者可以对 Docker 的概念及其体系架构有一个初步的了解，并能够掌握在 Ubuntu 系统上安装 Docker 的几种方式。

• 第 7 章讲解 Docker 的基本使用及镜像管理的一些知识，内容涉及 Dockerfile 文件、Docker 客户端的常用指令等。通过本章的学习，读者可以掌握 Docker 的基本使用，同时能够掌握 Docker 中的镜像管理。

• 第 8 章讲解 Docker 中的网络与数据管理知识，内容包括 Docker 的默认网络和自定义网络管理、Docker Swarm 的集群、Docker 的数据存储，以及 Volumes 数据卷的管理。通过本章的学习，读者可以对 Docker 中的网络、数据管理以及 Docker Swarm 的基本知识有一定的了解，同时能够掌握 Docker 中自定义的网络管理和 Volumes 数据卷管理的具体使用方法。

• 第 9 章讲解微服务项目的整合以及接口测试的相关知识，内容包括使用微服务架构搭建的一个商城管理系统，以及接口可视化工具 Swagger-UI 的使用。通过本章的学习，读者可以对微服务项目的使用有进一步的认识，熟悉 Spring Boot 和 Spring Cloud 相关组件的整合开发，同时还可以掌握接口测试工具 Swagger-UI 的简单使用。

• 第 10 章讲解有关微服务部署的相关知识，内容涉及 Docker Comopse 编排工具、微服务与 Docker 的整合、微服务手动部署，以及使用 Jenkins 完成微服务的自动化部署等内容。通过本章的学习，读者可以掌握微服务与 Docker 的整合，同时能够掌握如何使用 Jenkins 完成微服务项目的自动化集成和部署。

在学习过程中，读者一定要亲自实践书中的案例代码，如果不能完全理解书中所讲的知识点，可以登录博学谷平台，通过平台中的教学视频进行辅助学习。另外，如果读者在理解知识点的过程中遇到困难，建议不要纠结于某个地方，可以先往后学习。通常来讲，随着对后面知识的不断深入了解，前面看不懂的知识点一般就能理解了。如果读者在动手练习的过程中遇到问题，建议多思考，理清思路，认真分析问题发生的原因，并在问题解决后多总结。

本书采用基础知识+案例相结合的编写方式，通过基础知识的讲解与案例的巩固，可以使读者快速地掌握技能点。

致谢

本书的编写和整理工作由传智播客教育科技股份有限公司完成，其中主要的参与人员有吕春林、陈欢、韩永蒙、石荣新、杜宏、梁桐、王友军、冯佳等。全体人员在近一年的编写过程中，付出了很多辛勤的汗水，在此一并表示衷心的感谢。

意见反馈

尽管我们尽了最大的努力，但书中难免会有不妥之处，欢迎各界专家和读者朋友们来函给予宝贵意见，我们将不胜感激。您在阅读本书时，如发现任何问题或不认同之处，可以通过电子邮件（itcast_book@vip.sina.com）与我们取得联系。

传智播客.黑马程序员
2017 年 12 月 4 日于北京

目录 CONTENTS

Spring Boot+Spring Cloud+Docker

1 Chapter

第 1 章 认识微服务架构

学习目标

- 了解微服务和微服务架构的概念
- 熟悉微服务架构的优点与不足
- 了解微服务架构的技术选型

微服务（Microservice）概念的提出已经有很长一段时间了，但在最近几年才开始频繁地出现。虽然现在很多公司都开始采用微服务及其架构来满足实际需求，但这种方式并没有普及，很多开发人员还只停留在听说过"微服务"或"微服务架构"这些词上。那么为什么需要微服务架构？什么是微服务架构？又如何去构建微服务架构呢？本章将针对这些问题进行一一讲解。

1.1 为什么需要微服务架构

任何一个新事物或者新技术的出现，必然有其出现的原因，微服务架构也不例外。随着互联网技术的发展，传统的应用架构已满足不了实际需求，微服务架构就随之产生。那么传统应用架构到底出了什么问题呢？又如何解决？接下来的两个小节中，我们将从传统单体架构的问题开始，对为什么需要微服务架构进行详细讲解。

1.1.1 传统单体应用架构的问题

通常我们所使用的传统单体应用架构都是模块化的设计逻辑，程序在编写完成后会被打包并部署为一个具体的应用，而应用的格式则依赖于相应的应用语言和框架。例如，在网上商城系统中，Java Web 工程通常会被打成 WAR 包部署在 Web 服务器上，而普通 Java 工程会以 JAR 包的形式包含在 WAR 包中，如图 1-1 所示。

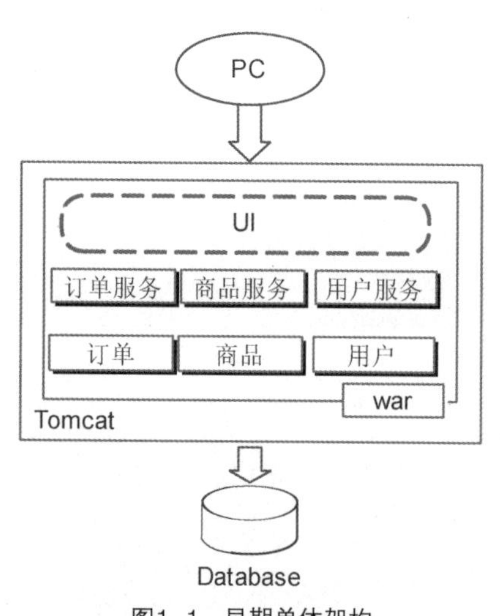

图1-1 早期单体架构

图 1-1 中的这种应用开发风格很常见，它易于开发和调试，并且易于部署。在用户量不多时，此种架构方式完全可以满足需求，但随着用户人数的增加，一台机器已经满足不了系统的负载，此时我们就会考虑系统的水平扩展。通常情况下，我们只需要增加服务器的数量，并将打包好的应用拷贝到不同服务器（如 Tomcat），然后通过负载均衡器（如 Apache、Nginx）就可以轻松实现应用的水平扩展，如图 1-2 所示。

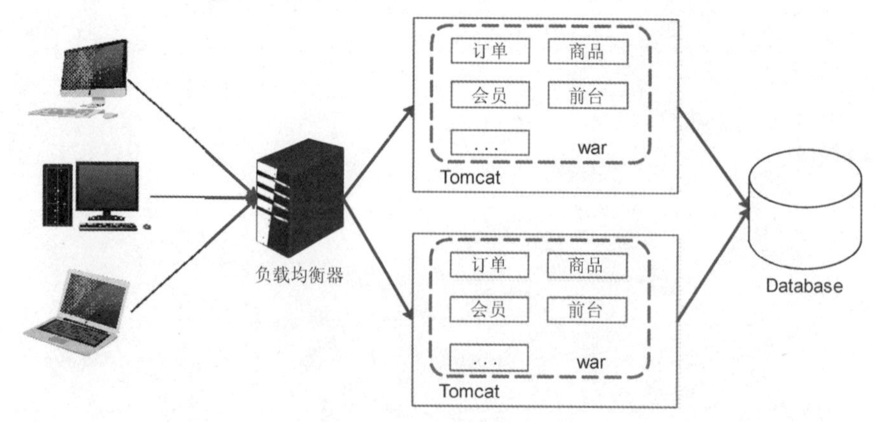

图1-2 传统单体应用架构

在早期，单体架构的这种扩展方式可以很好地满足使用需求，但随着时间的推移，这种方式就会产生很多问题，具体表现如下。

1. 应用复杂度增加，更新、维护困难

一个简单的应用会随着时间的推移而逐渐变大。一旦应用变得庞大而又复杂，开发团队将会面临很多问题，其中最主要的问题就是这个应用太复杂，以至于任何单个开发者都很难进行二次开发或维护。

2. 易造成系统资源浪费

虽然使用负载均衡的方式可以对项目中的服务容量进行水平扩展，但由于传统单体架构的代码中只有一个包含所有功能的 WAR 包，所以在对服务容量扩容时，只能选择重复地部署这个 WAR 包来扩展服务能力，而不仅仅是扩展了所需的服务。这样就会导致其他不需要扩展的服务也进行了相应的扩展，但这些扩展是不需要的，因此这种方式会极大地浪费资源。

3. 影响开发效率

当一个应用越大时，启动时间就会越长。开发和调试的过程中，如果有很大一部分时间都要在等待中度过，那么必然会对开发效率有极大的影响。

4. 应用可靠性低

传统单体应用架构在运行时的可靠性比较低，当所有模块都运行在一个进程中时，如果任何一个模块中出现了一个 Bug，可能会导致整个进程崩溃，从而影响到整个应用。

5. 不利于技术的更新

传统单体应用架构一旦选定使用某些技术，则后期的开发和扩展将在这些技术的基础上实现。如果需要更改某种技术，则可能需要将整个应用全部重新开发，这种成本是非常大的。

当然，传统单体应用架构的问题还不只这些，但出现这些问题的根本原因可以说就是由于传统单体架构中一个 WAR 包内包含了系统的所有服务功能所导致的。随着业务变得越来越多，问题也就越来越多。

1.1.2　如何解决传统应用架构的问题

针对传统单体架构的问题，大部分企业通过 SOA（Service-Oriented Architecture，面向服务的架构）来解决上述问题。SOA 的思路是把应用中相近的功能聚合到一起，以服务的形式提供出去，因此基于 SOA 架构的应用可以理解为一批服务的组合。

同样以网上商城为例，一个简单的 SOA 系统如图 1-3 所示。

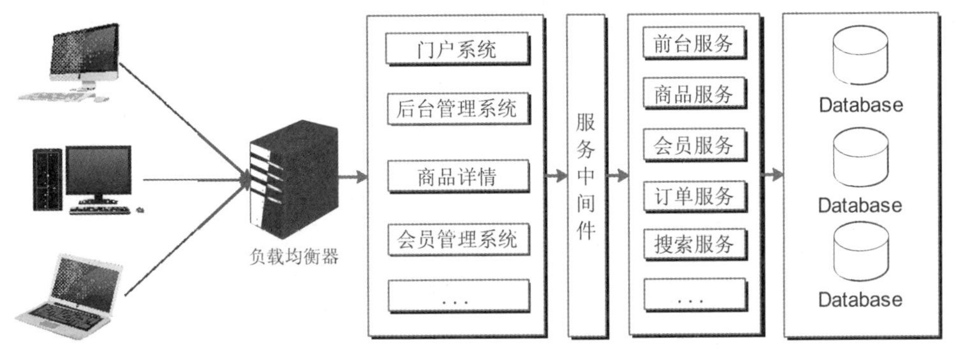

图1-3　SOA系统

从图 1-3 中可以看出，SOA 将原来的单体架构按照功能细分为不同的子系统，然后再由各个子系统依赖服务中间件（这里指企业服务总线 Enterprise Service Bus，简称 ESB）来调用所需服务。

使用 SOA 可以将系统切分成多个组件服务，这种通过多个组件服务来完成请求的方式有很多好处，具体如下。

- 把项目拆分成若干个子项目，不同的团队可以负责不同的子项目，从而提高开发效率。
- 把模块拆分，使用接口通信，降低了模块之间的耦合度。
- 为企业的现有资源带来了更好的重用性。
- 能够在最新的和现有的应用之上创建应用。
- 能够使客户或服务消费者免予服务实现的改变所带来的影响。
- 能够升级单个服务或服务消费者而无需重写整个应用，也无需保留已经不再适用于新需求的现有系统。

虽然使用 SOA 解决了单体架构中的问题，但多数情况下，SOA 中相互独立的服务仍然会部署在同一个运行环境中（类似于一个 Tomcat 实例下，运行了很多 web 应用）。和单体架构类似，随着业务功能的增多，SOA 的服务会变得越来越复杂。本质上看，单体架构的问题并没有因为使用 SOA 而变得更好。

针对单体架构和 SOA 的问题，许多公司（如 Amazon、eBay 和 NetFlix）通过采用微处理结构模式解决了系统架构中的问题。其思路不是开发一个巨大的单体式的应用，而是将应用分解为小的、互相连接的微服务。随着微服务的使用，微服务架构的思想也随之产生。

1.2 微服务架构是什么

1.2.1 微服务架构的概念

微服务架构是一种架构风格和架构思想，它倡导我们在传统软件应用架构的基础上，将系统业务按照功能拆分为更加细粒度的服务，所拆分的每一个服务都是一个独立的应用，这些应用对外提供公共的 API，可以独立承担对外服务的职责，通过此种思想方式所开发的软件服务实体就是“微服务”，而围绕着微服务思想构建的一系列体系结构（包括开发、测试、部署等），我们可以将它称之为“微服务架构”。

根据微服务架构的定义，将传统单体架构拆分为微服务架构的方式，如图 1-4 所示。

从图 1-4 中可以看出，微服务架构已将传统单体架构中的订单服务、商品服务和用户服务拆分为了独立的服务，其中的每一个服务都是一个独立的应用，可以访问自己的数据库，这些服务对外提供公共的 API，并且服务之间可以相互调用。

微服务和微服务架构是两个不同的概念。微服务强调的是服务的大小，它关注的是某一个点，而微服务架构是一种架构思想，需要从整体上对软件系统进行全面的考虑。

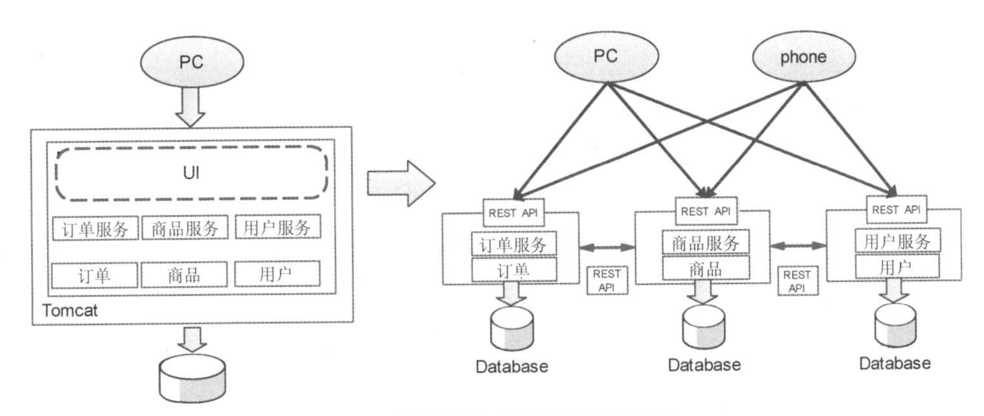

图1-4　传统单体架构拆分为微服务架构

1.2.2　微服务架构的优点

与传统单体应用架构相比，微服务架构有很多优点，具体表现如下。

1. 复杂度可控

微服务架构在将应用分解的同时，规避了原本复杂度无止境的积累。每一个微服务专注于单一功能，并通过定义良好的接口清晰地表述服务边界。由于体积小、复杂度低，每个微服务可由一个小规模开发团队完全掌控，易于保持高可维护性，并提高了开发效率。

2. 可独立部署

由于微服务具备独立的运行进程，所以每个微服务都可以独立部署。当某个微服务发生变更时，无需编译、部署整个应用。由微服务组成的应用相当于具备一系列可并行的发布流程，使得发布更加高效，同时降低了对生产环境所造成的风险，最终缩短应用交付周期。

3. 技术选型灵活

微服务架构下，技术的选型是多样化的。每个团队都可以根据自身服务的需求和行业发展的现状，自由选择最适合的技术。由于每个微服务相对简单，当需要对技术进行升级时，所面临的风险较低，甚至完全重构一个微服务也是可行并容易的。

4. 易于容错

当架构中的某一组件发生故障时，在单一进程的传统架构下，故障很有可能在进程内扩散，导致整个应用不可用。在微服务架构下，故障会被隔离在单个服务中。若设计良好，其他服务可通过重试、平稳退化等机制实现应用层面的容错。

5. 易于扩展

单个服务应用也可以实现横向扩展，这种扩展可以通过将整个应用完整地复制到不同的节点中实现。当应用的不同组件在扩展需求上存在差异时，微服务架构便体现出其灵活性，因为每个服务可以根据实际需求独立进行扩展。

6. 功能特定

每个微服务都有自己的业务逻辑和适配器，并且一个微服务一般只完成某个特定的功能，例如商品服务只管理商品、客户服务只管理客户等。这样开发人员可以完全地专注于某一个特定功能的开发，而不用过多地考虑其他，从而提高开发效率。除此之外，微服务架构还有很多其他优势，由于篇幅有限，这里就不一一列举了，但从微服务架构的优势可以看出，使用微服务可以很好地解决传统单体架构中的问题。

1.2.3　微服务架构的不足

微服务架构除了有上面所讲的各种优点外，还存在着一些不足，这些不足的具体表现如下。

1. 开发人员必须处理创建分布式系统的复杂性

- 开发工具（或 IDE）是面向构建传统的单体应用程序的，不为开发分布式应用程序提供全面功能上的支持。
- 测试更加困难。在微服务架构中，服务数量众多，每个服务都是独立的业务单元，服务主要通过接口进行交互，如何保证依赖的正常，是测试面临的主要挑战。
- 开发人员必须实现服务间的通信机制。
- 实现用例跨多个服务时，需要面对使用分布式事务管理的困难。
- 实现跨多个服务的用例，需要团队之间进行仔细的协调。

2. 部署的复杂性

在部署和管理时，由许多不同服务类型组成的系统的操作比较复杂，这将要求开发、测试及运维人员有相应的技术水平。

3. 增加内存消耗

微服务架构用多个服务实例取代了 1 个单体应用程序实例，如果每个服务都运行在自己的 JVM 中，那么有多少个服务实例，就会有多少个实例在运行时的内存开销。

1.2.4　微服务架构与 SOA 的区别

通过前 3 个小节的学习，相信读者对微服务架构已经有了一定的了解。在学完后，细心的读者可能会有这样一个疑问，微服务架构与 SOA 都是对单体架构的拆分，那么它们有什么不同呢？

下面通过一个表格对两者的区别进行对比，如表 1-1 所示。

表 1-1　微服务架构与 SOA 的区别

微服务架构	SOA
一个系统被拆分成多个服务，粒度细	服务由多个子系统组成，粗粒度
团队级，自底向上开展实施	企业级，自顶向下开展实施
无集中式总线，松散的服务架构	企业服务总线，集中式的服务架构
集成方式简单（HTTP/REST/JSON）	集成方式复杂（ESB/WS/SOAP）
服务能独立部署	服务相互依赖，无法独立部署

1.3 如何构建微服务架构

了解了微服务架构的概念、优点与不足后，相信很多人对微服务架构都会产生这样一些疑问，例如我要何时使用微服务架构？又如何将应用程序分解为微服务？分解后，要如何去搭建微服务架构？同时，在微服务架构中，因为会涉及多个组件，那么这些组件又可以使用什么技术来实现呢？接下来的几个小节中，我们将对这些问题进行详细地讲解。

1.3.1　微服务的拆分

对于一般的公司而言，实践微服务有非常大的技术挑战，所以并不是所有的公司都适合将单体架构拆分成微服务架构。一般来说，微服务架构比较适合未来有一定的扩展复杂度，且有很大用户增量预期的应用，例如一些新兴的互联网公司应用。这些公司在创业初期，不可能买大量的或很贵的机器，但是又必须考虑应对成功后巨量的用户问题，这时微服务架构就成了最好的选择。除此之外，对于那些项目规模较大、业务复杂度较高，且需要长期跟进的项目，也适合考虑使用微服务架构。

在决定使用微服务架构后，所面临的另一个问题就是如何将系统拆分为微服务。对于微服务的拆分，可以参考如下几点建议。

- 通过业务功能分解并定义与业务功能相对应的服务。
- 将域驱动设计分解为多个子域。
- 按照动词或用例分解，并定义负责特定操作的服务，例如一个负责完成订单的航运服务。
- 通过定义一个对给定类型的实体或资源的所有操作负责的服务来分解名词或资源，例如一个负责管理用户账户的账户服务。

由于每个公司项目的实际情况不同，所以微服务的拆分在实际操作时，会涉及到很多不同的细节问题，这里就不一一描述了，但总体来说，项目在拆分时按照上述几点建议即可。

1.3.2　微服务架构的组件

在正式学习如何搭建微服务架构之前，我们先来了解一下微服务架构中涉及的一些常见组件名称及其作用。

- **服务注册中心**：注册系统中所有服务的地方。
- **服务注册**：服务提供方将自己调用地址注册到服务注册中心，让服务调用方能够方便地找到自己。
- **服务发现**：服务调用方从服务注册中心找到自己需要调用服务的地址。
- **负载均衡**：服务提供方一般以多实例的形式提供服务，使用负载均衡能够让服务调用方连接到合适的服务节点。
- **服务容错**：通过断路器（也称熔断器）等一系列的服务保护机制，保证服务调用者在调用异常服务时快速地返回结果，避免大量的同步等待。
- **服务网关**：也称为 API 网关，是服务调用的唯一入口，可以在这个组件中实现用户鉴权、动态路由、灰度发布、负载限流等功能。
- **分布式配置中心**：将本地化的配置信息（properties、yml、yaml 等）注册到配置中心，实现程序包在开发、测试、生产环境的无差别性，方便程序包的迁移。

除此之外，读者在学习时，可能还会在一些参考资料中看到服务的健康检查、日志处理等组件内容。由于使用上面所描述的组件即可实现微服务架构的快速入门，所以本书中并未对这些额外的组件进行讲解，有兴趣的读者可自行学习。

1.3.3　微服务架构的搭建

通过前两个小节的学习，我们已经了解了如何将传统业务拆分为微服务，并熟悉了微服务架构中所涉及的组件。为了使读者在整体上对微服务架构有一个认识，下面我们通过一张图来讲解如何搭建一个微服务架构，如图 1-5 所示。

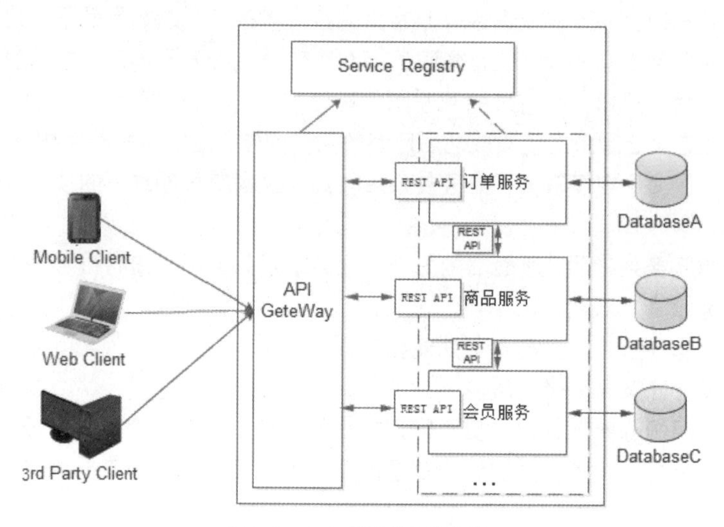

图1-5　如何搭建微服务架构

在图 1-5 中，部署了一系列的微服务，每个微服务都会访问自己的数据库（Database）。当这些微服务启动时，会将其信息注册到服务注册中心（Service Registry），在客户端发送请求时，请求首先会被 API 网关（API GateWay）拦截，API 网关会读取请求数据，并从注册中心获取对应的服务信息，然后 API 网关会根据服务信息调用所需的微服务。

小提示

图 1-5 中展示的只是一个简单的微服务架构，然而要判断一个架构是否是微服务架构，还需要满足以下几点要求。

- 根据业务模块划分服务种类。
- 每个服务可独立部署且相互隔离。
- 通过轻量级 API 调用服务。
- 服务需保证良好的高可用性。

只有满足以上几点要求的架构，才能称之为微服务架构，所以在搭建微服务架构时，一定要注意这些问题。

1.3.4　微服务架构的技术选型

在微服务架构中，不同的组件（包括微服务实例、注册中心和 API 网关等组件）需要根据不同的情况来选取相应的技术，那么我们可以使用哪些技术呢？本小节将对微服务架构中各个组件可使用的技术，以及本书所选用的技术进行简单介绍。

1. 微服务实例的开发

微服务的开发可以选用的框架技术有 Spring 团队的 Spring Boot、Jboss 公司的 WildFly Swarm 和 Java EE 官方的微服务框架 KumuluzEE 等。

2. 服务的注册与发现

架构中服务的注册与发现功能，可以使用的技术有 Spring Cloud Eureka、Apache Zookeeper、Consul、Etcd 和 Dubbo 等，它们都是用于服务注册和发现的技术。

3. 负载均衡

负载均衡可以使用的技术有 Spring Cloud Ribbon 和 Dubbo 等。

4. 服务容错

服务容错的技术可以选用 Hystrix，在 Spring Cloud 的子项目中包含 Spring Cloud Hystrix。

5. API 网关

架构中的 API 网关服务，可以使用的技术有 Spring Cloud Zuul、Spring Reactor、Netty 或 NodeJS 等。

6. 分布式配置中心

分布式配置中心可以使用 Spring Cloud Config。

7. 调试

微服务应用的测试工作可以使用 Swagger。Swagger 是当前最受欢迎的 REST API 文档生成工具之一，它提供了强大的页面测试功能来调试每个 RESTful API。

8. 部署

微服务的官方文档中推荐使用 Docker 来打包和部署微服务。由于 Docker 是一个开源的应用容器引擎，具有可移植性强、启动速度快等特点，所以适合跑一些轻量的应用。

9. 持续集成

为了实现服务的自动化部署，我们可以通过 Jenkins 搭建自动化部署系统，并使用 Docker 进行容器化封装。

在上面的技术选型中，从微服务注册与发现、负载均衡、容错、API 网关和分布式配置中心组件的可选技术内，我们都看到了 Spring Cloud 的身影。实际上，Spring Cloud 的子项目中，已经提供了构建微服务所需的所有解决方案。

为了方便读者学习，并能快速地掌握微服务架构的使用，本书将使用 Spring Boot+Spring Cloud+Docker 技术来实现微服务架构。书中的主要技术选型如图 1-6 所示。

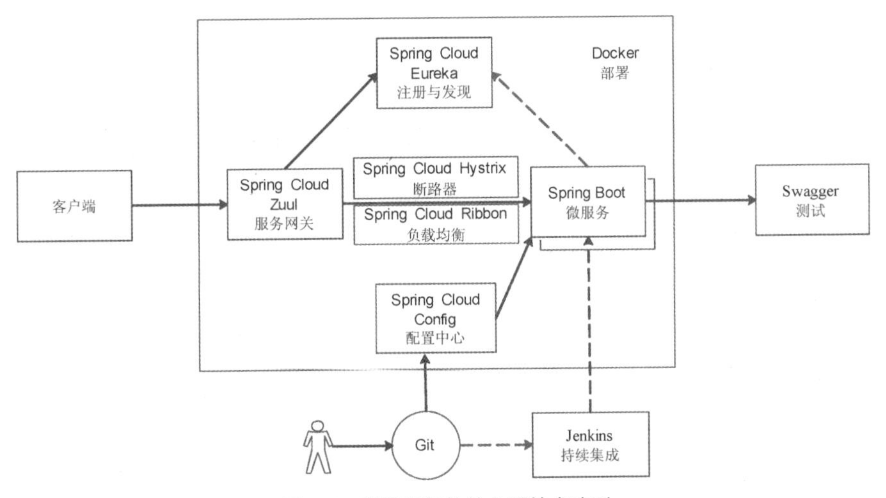

图1-6 微服务架构的主要技术选型

从图 1-6 中可以看出，我们会使用 Spring Boot 实现微服务实例的开发，使用 Spring Cloud Eureka 来实现服务的注册与发现，使用 Spring Cloud Hystrix 的断路器功能来实现服务容错，使用 Spring Cloud Ribbon 实现服务间的负载均衡，使用 Spring Cloud Zuul 实现服务网关，使用 Spring Cloud Config 作为分布式配置中心，使用 Swagger 对微服务进行测试，并使用 Jenkins 的持续集成功能来实现自动化部署。

微服务架构中各个组件的技术选型有很多，对于已经实施过微服务并且项目自成体系的公司来说，Spring Cloud 可能并没有太大的吸引力，但对于还未实施微服务或项目没有自成体系的公司来说，Spring Cloud 将是一个非常好的选择。

小提示

除了 Spring Cloud 之外，Dubbo 也是目前国内比较流行的分布式服务框架，它们都具备分布式服务治理相关的功能，都能够提供服务注册、发现、路由和负载均衡的能力。相比之下，Spring Cloud 提供了更加完整的一套企业级分布式云应用的解决方案，包含了微服务组件中的方方面面，并能够结合 Spring Boot、Docker 实现快速开发的目的，而 Dubbo 只有 Spring Cloud 的一部分功能。由于二者具体的实现方式不同，因此并没有好坏之分。企业在选用时，需根据自身情况选择。

需要注意的是，本书中只是针对 Java 中微服务技术进行的选型，其他开发语言也有着自己的微服务技术栈，在选用时，同样需要依据实际情况慎重考虑。

1.4 本章小结

本章主要讲解了微服务相关的内容，包括微服务和微服务架构的概念、产生背景、微服务架构的优势与不足、如何搭建微服务架构，以及如何选择微服务架构的技术。虽然微服务化是当下流行的发展趋势，但也不是所有场景都适合使用，实际的项目中，我们还需要在传统的分布式架构与微服务架构之间谨慎地选择。

Spring Boot+Spring Cloud+Docker

2 Chapter

第2章 初识 Spring Boot

学习目标

- 了解 Spring Boot 的特点与使用要求
- 掌握 Spring Boot 入门程序的编写
- 熟悉 Spring Boot 的工作机制

在第一章中，我们已经说明了本书中微服务的开发会使用 Spring Boot，那么到底什么是 Spring Boot 呢？使用它有什么好处？又如何使用呢？接下来本章将主要针对这些问题进行逐一讲解。

2.1 Spring Boot 介绍

2.1.1 Spring Boot 的由来和特点

Spring Boot 是由 Spring 团队（Pivotal 团队）提供的一个全新框架，其设计目的是为了简化 Spring 应用的初始搭建过程和开发过程。该框架使用了特定的方式来进行配置（提供了默认的代码和注释配置），这使得开发人员不再需要定义样板化的配置，而只需非常少的配置就可以快速地开发基于 Spring 的应用。

Spring Boot 框架有很多优点，这些优点的具体表现如下。

1. 可快速构建独立的 Spring 应用程序

Spring Boot 所创建的应用程序都是独立的 JAR 包，而不是 WAR 包，即使是 Web 应用，也是 JAR 包，我们可以直接通过 JAR 包来运行一个 Spring 应用程序。如果需要，也可以将 Spring Boot 程序以 WAR 包的形式部署到服务器。

2. 内嵌 Servlet 容器，无需单独安装容器即可独立运行项目

Spring Boot 项目不需要将 WAR 包部署到 Tomcat、Jetty 等 Servlet 容器中，而是在启动时，自动地启动一个嵌入式的 Tomcat，我们可以通过 application.properties 配置 Tomcat 具体的端口号信息。

3. 对主流开发框架的无配置集成

Spring Boot 与其他主流框架整合时，只需在 pom.xml 中添加相应依赖，即可直接使用该框架，无需在项目的配置文件中添加配置。

4. 提供开箱即用的 Spring 插件，简化了 Maven、Gradle 的配置

Spring Boot 提供了大量的开箱即用的插件，开发人员只需添加一段 Maven 依赖配置即可使用。这些插件在 Spring Boot 中被称为“Starter”，每一个 Starter 都有自己独立的配置项。

5. 自动配置 Spring，极大地提高了开发、部署效率

Spring Boot 会根据类路径中的类和 JAR 包中的类自动配置 Bean，而不需要手动配置。这样极大地减少了开发人员的工作内容，从而提高开发和部署的效率。

6. 无需任何 XML 配置

Spring Boot 只有一个 application.properties 配置文件，没有其他 XML 配置文件。

需要注意的是，虽然 Spring Boot 有很多优点，但是将现有的 Spring 项目转换为 Spring Boot 项目还是有一定困难的，它更适用于全新的 Spring 项目。

2.1.2 Spring Boot 的使用要求

1. 使用环境

在本书编写时，Spring Boot 官方发布的最新正式版本为 1.5.6.RELEASE，因此本书就以 1.5.6.RELEASE 版本为例对 Spring Boot 进行讲解。默认情况下，该版本需要在 Java 7 环境和

Spring 框架 4.3.10.RELEASE 或以上版本中使用。由于 Spring Boot 官方推荐使用 Java 8 环境，所以本书使用的 Java 版本为 Java 8。

需要注意的是，目前官方 Spring Boot 1.5.x 正式版本还在不断地更新中，读者在学习时，可能会发现最新正式版已不是 1.5.6，但这并不影响读者学习本书。读者只需按照书中内容学习即可，但建议学习时版本与本书保持一致。

2. 构建支持

使用 Spring Boot 1.5.6.RELEASE 版本开发时需要第三方技术的构建支持，目前已明确提供构建支持的有 Maven（3.2+）、Gradle2（2.9 或之后）和 Gradle3。

本书使用的是 Maven3.5.0 版本，读者可自行选择 Maven3.2 以上的版本，但学习时建议与本书版本一致。

3. 开发工具

Spring Boot 的开发工具可以使用 Spring Tool Suite (STS)或 IntelliJ IDEA。其中 Spring Tool Suite (STS)是一个基于 Eclipse 的开发环境，它是为开发 Spring 应用程序而定制的。我们可以直接下载并使用该工具，也可以在已有 Eclipse 中安装 STS 插件。

由于开发人员通常更熟悉使用 Eclipse，所以本书将使用 Eclipse Neon.3 Release (4.6.3)版本配合 STS 插件进行讲解，此版本对应的 STS 插件可以通过地址 https://spring.io/tools/sts/all 下载。

2.2 Spring Boot 入门

通过前面几个小节的学习，读者对 Spring Boot 的概念、特点和使用要求都已经有所了解，那么既然要使用 Spring Boot 进行项目的开发，我们要如何创建 Spring Boot 项目，以及如何在项目中编写程序呢？接下来的两个小节中，将对这两个问题进行详细地讲解。

2.2.1 Spring Boot 项目的快速搭建

Spring Boot 项目有多种快速搭建的方式，例如可以通过官网提供的代码生成器 Spring Initializr 来构建项目，可以使用 Maven 来手动构建项目，还可以通过 Spring Tool Suite (STS)插件来构建项目（创建的是 Spring Starter Project）。

由于使用 Spring Initializr 来构建项目简单、快速、方便，易于初学者快速地了解 Spring Boot 的项目结构，所以下面以 Spring Initializr 创建的方式为例，讲解下 Spring Boot 项目的快速搭建。通过 Spring 官网地址 https://start.spring.io/中的代码生成器 Spring Initializr 可以快速地生成一个 Spring Boot 项目。访问网址后，浏览器的显示结果如图 2-1 所示。

从图 2-1 中可以看出，通过此页面的功能可以生成一个基于 Java 语言和 Spring Boot 1.5.6 的 Maven 项目。在项目元数据信息（Project Metadata）框中，填写完所需数据，这些数据与创建 Maven 项目一致，并单击按钮【Generate Project alt + 】即可生成一个 Spring Boot 的基本项目。

如果需要执行更多操作，可以单击按钮下方的文字链接“Switch to the full version”，此时页面下方将展示出更多的操作信息。例如，要在生成一个简单的依赖于 Web 模块的 Spring Boot 应用，可以在页面中勾选 Web 模块信息，如图 2-2 所示。

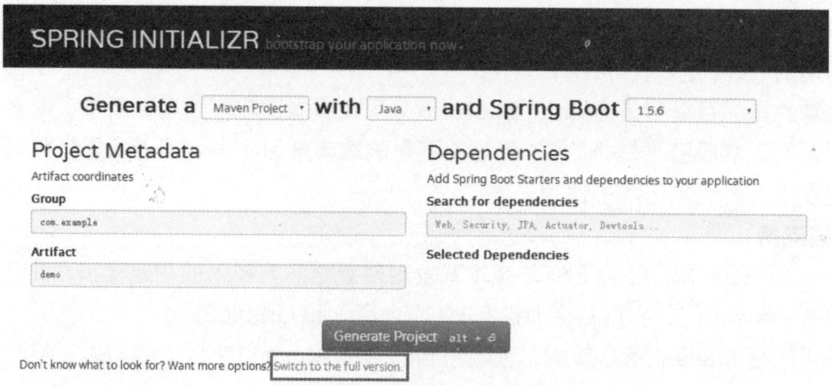

图2-1　Spring Initializr初始页面

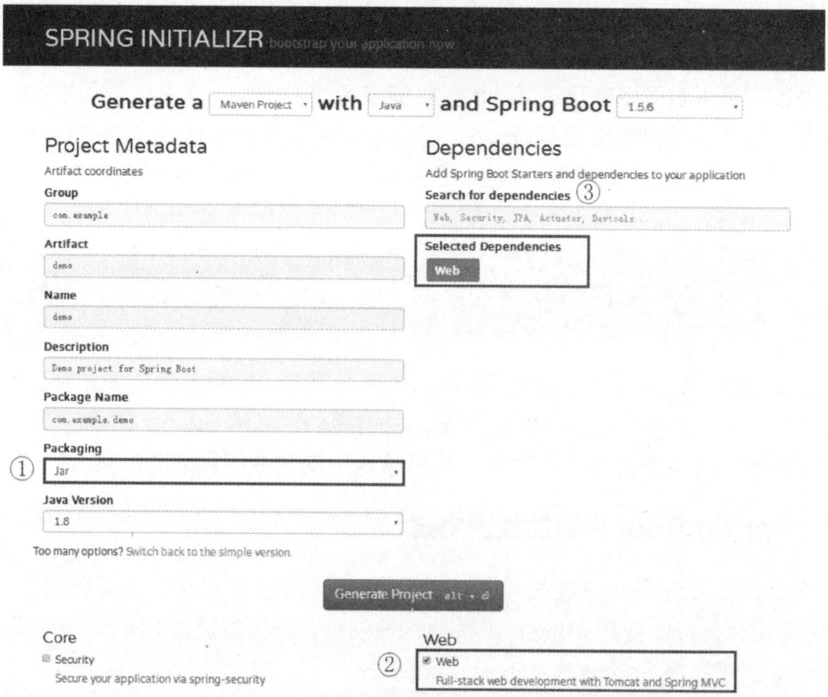

图2-2　Spring Initializr生成项目的web界面

在图 2-2 中，左侧的“Packaging”默认选择“Jar”，表示这个项目打包操作后会生成一个 JAR 包，【Generate Project alt +】按钮下方的选项表示项目可添加的依赖内容，这里选择了 Web，该选项表示依赖 Web 模块。选择后，在页面中的右侧会显示出已选择的依赖内容。

除 Web 模块外，页面还提供 MySQL、Redis 等更多模块内容，这里就不一一展示了，读者可自行查看。为便于开发者快速定位，该页面右侧的还提供了【Search for dependencies】功能，用于精准查找和选择所需依赖。

此时单击【Generate Project alt +】按钮，浏览器会下载一个名称为“hello”的 zip 压缩包，解压后，将得到一个名称为“hello”的项目。使用 Eclipse 导入此项目后（导入的是 Maven 项目），就可以在项目中进行相应功能的开发。此时 Eclipse 中的项目结构如图 2-3 所示。

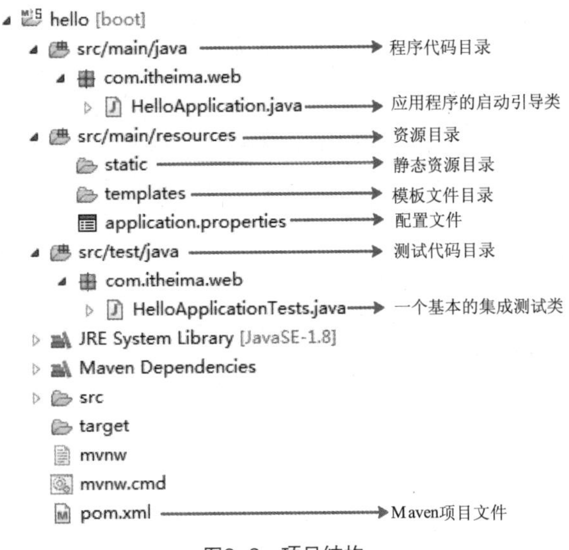

图2-3 项目结构

从图 2-3 中可以看出，Spring Boot 项目遵循的是传统的 Maven 项目布局，它的主要应用程序代码位于 src/main/java 目录中，如程序的引导类 HelloApplication.java，我们可以直接运行该类来启动 Spring Boot 应用。

资源文件在 src/main/resources 目录中，例如用于配置应用程序和 Spring Boot 属性的文件 application.properties。因为引入了 Web 模块，所以 Spring Initializr 在生成项目时自动生成了 static 和 templates 目录，其中 static 目录用于存放静态资源，如图片、CSS 文件和 JS 文件等，而 templates 目录用于存放 Web 页面的模板文件。

测试代码在 src/test/java 目录中，如测试类 HelloApplicationTests.java。由于此时没有测试相关的配置文件，所以并没有相应目录，如果需要编写测试配置文件，则需要放置在 src/test/resources 目录中。

我们对项目中的目录及其文件功能讲解完之后，为了使读者对项目中文件的具体内容有所了解，下面将对项目所生成的主要文件（HelloApplication.java，application.properties，HelloApplicationTests.java，pom.xml）的内容进行详细讲解，具体如下。

1. HelloApplication.java

HelloApplication.java 是程序的引导类，我们可以直接运行该类来启动 Spring Boot 应用，该类的代码如文件 2-1 所示。

文件 2-1 HelloApplication.java

```
1  package com.itheima.web;
2  import org.springframework.boot.SpringApplication;
3  import org.springframework.boot.autoconfigure.SpringBootApplication;
4  @SpringBootApplication
5  public class HelloApplication {
6      public static void main(String[] args) {
7          SpringApplication.run(HelloApplication.class, args);
8      }
9  }
```

在文件 2-1 中，@SpringBootApplication 是 Spring Boot 的核心注解，它是一个复合注解，用于开启组件扫描和自动配置。在 main()方法中，通过调用 SpringApplication 类的 run()方法将业务委托给了 Spring Boot 的 SpringApplication 类，SpringApplication 类将引导应用程序启动 Spring，并相应地启动被自动配置的 Tomcat 服务器。只需要将 HelloApplication.class 作为参数传递给 run()方法，以此来通知 SpringApplication 谁是主要的 Spring 组件，并传递 args 数组作为参数即可。

2. application.properties 文件

在新创建的 Spring Boot 项目中，application.properties 文件是一个空文件，并且是可选文件，我们可以通过该文件对 Spring Boot 应用的服务端口号、注册中心地址等内容进行调整。

例如将嵌入在项目中的 Tomcat 端口号 8080 修改为 8081，那么就可以在配置文件中添加如下信息：

```
server.port=8081
```

需要注意的是，项目中不需要显示的配置 Spring Boot 加载 application.properties 文件的信息，只要该文件存在，就会被自动加载，Spring 和应用程序代码就可以获取其中的属性信息。

3. HelloApplicationTests.java

HelloApplicationTests.java 是 Spring Initializr 提供的一个基本的集成测试类，可以基于该类为应用程序编写测试代码。该类中的实现代码如文件 2-2 所示。

文件 2-2　HelloApplicationTests.java

```
1  package com.itheima.web;
2  import org.junit.Test;
3  import org.junit.runner.RunWith;
4  import org.springframework.boot.test.context.SpringBootTest;
5  import org.springframework.test.context.junit4.SpringRunner;
6  @RunWith(SpringRunner.class)
7  @SpringBootTest
8  public class HelloApplicationTests {
9      @Test
10     public void contextLoads() {
11     }
12 }
```

在上述代码中，@RunWith 注解表示测试运行在 Spring 测试环境中，@SpringBootTest 是 Spring Boot 提供的注解，该注解通过 SpringApplication 在测试中创建应用上下文来工作。contextLoads()方法是一个空方法，虽然在方法体中没有编写任何代码，但通过此方法可以确定应用程序上下文的加载是否有问题。如果 HelloApplication 中定义的配置是正确的，那么就可以通过测试，否则，不能通过测试。

4. pom.xml 文件

pom.xml 是 Maven 的项目文件，此文件中的信息如文件 2-3 所示。

文件 2-3　pom.xml

```
1  <?xml version="1.0" encoding="UTF-8"?>
2  <project xmlns="http://maven.apache.org/POM/4.0.0"
3          xmlns:xsi="http://www.w3.org/2001/XMLSchema-instance"
```

```
4          xsi:schemaLocation="http://maven.apache.org/POM/4.0.0
5                              http://maven.apache.org/xsd/maven-4.0.0.xsd">
6      <!--项目基本信息 -->
7      <modelVersion>4.0.0</modelVersion>
8      <groupId>com.itheima</groupId>
9      <artifactId>hello</artifactId>
10     <version>0.0.1-SNAPSHOT</version>
11     <packaging>jar</packaging>
12     <name>hello</name>
13     <description>Demo project for Spring Boot</description>
14     <!--父依赖 -->
15     <parent>
16         <groupId>org.springframework.boot</groupId>
17         <artifactId>spring-boot-starter-parent</artifactId>
18         <version>1.5.6.RELEASE</version>
19         <relativePath /> <!-- lookup parent from repository -->
20     </parent>
21     <!-- 编码和 Java 版本 -->
22     <properties>
23         <project.build.sourceEncoding>
24             UTF-8
25         </project.build.sourceEncoding>
26         <project.reporting.outputEncoding>
27             UTF-8
28         </project.reporting.outputEncoding>
29         <java.version>1.8</java.version>
30     </properties>
31     <!--其他依赖 -->
32     <dependencies>
33         <dependency>
34             <groupId>org.springframework.boot</groupId>
35             <artifactId>spring-boot-starter-web</artifactId>
36         </dependency>
37         <dependency>
38             <groupId>org.springframework.boot</groupId>
39             <artifactId>spring-boot-starter-test</artifactId>
40             <scope>test</scope>
41         </dependency>
42     </dependencies>
43     <build>
44         <plugins>
45             <!--Spring Boot 包含的 Maven 插件，它可以将项目打包成一个可执行 JAR -->
46             <plugin>
47                 <groupId>org.springframework.boot</groupId>
48                 <artifactId>spring-boot-maven-plugin</artifactId>
49             </plugin>
50         </plugins>
51     </build>
52 </project>
```

从上述代码中可以看出，生成的 pom.xml 中包含 Spring Boot 项目的版本、依赖和插件等信息。其中，<parent>元素中的 spring-boot-starter-parent 是所有 Spring Boot 依赖包的父依赖，它提供了很多有用的默认设置，如 application.properties 的位置等。其他的依赖包只是简单地提供了开发特定类型应用的功能，如上述代码中<dependencies>元素中的 spring-boot-starter-web，就是我们在官网项目生成器页面中选择的Web 依赖信息，该信息中包含了 Tomcat、Spring MVC 等内容。spring-boot-starter-test 是一个通用的测试模块，该模块中包含了 JUnit、Hamcrest 等测试框架。

虽然在项目中只添加了几个依赖文件，但是当我们点开项目中的 Maven Depenencies 目录时，会发现项目需要的所有依赖包都已经在其中（包括 tomcat 和 Spring MVC 等）。实际上，现在就已经能够启动项目，只是由于没有编写程序代码，还看不到输出效果罢了。

Spring Boot 提供的自动配置依赖模块都约定以 spring-boot-starter-作为命名的前缀，并且都位于 org.springframework.boot 包或者命名空间下。开发者在使用和整合模块时，只需要引入对应的模块，而不需要像传统 Maven 项目那样添加大量的依赖包。

多学一招：使用 Maven 构建 Spring Boot 项目

虽然使用官网提供的代码生成器 Spring Initializr 来构建项目非常简单、方便和快速，但此种方式要求必须连接 Spring Initializr 的网址。在上文中我们已经讲解过，除了使用官网代码生成器的方式来构建项目外，还可以使用 Maven 手动方式构建项目，那么要如何构建呢？

Maven 手动构建方式的实现非常简单，同样以 hello 工程为例，构建时只需要如下 3 步。

（1）新建一个简单的 Maven 工程 hello,并在工程的 pom.xml 中添加 Spring Boot 的相关依赖（内容请参见文件 2-3）。

（2）在工程的 src/main/java 源文件夹中创建 com.itheima.web 包，并在包中创建引导类 HelloApplication.java（实现代码请参见文件 2-1）。

（3）在 src/main/resources 源文件夹中创建配置文件 application.properties。如果是 web 项目，还需要创建文件夹 static 和 templates。

通过上面 3 步，一个简单的 Spring Boot 项目就已经搭建完成。可以看出，Spring Boot 项目其实就是 Maven 项目，与 Maven 项目的构建方式一致。一般来说，开发人员可能会更习惯于使用 Maven 手动构建的方式来构建项目，初学者可以根据自身情况去选择使用何种方式来构建。由于通过 STS 插件的方式非常简单，只需要根据插件内容提示操作就可以完成项目的构建，因此这里就不多做讲解了，读者可自行练习使用。

2.2.2 第一个 Spring Boot 程序

搭建完 Spring Boot 项目环境后，接下来本小节将在 Spring Boot 项目的基础上实现一个简单的应用程序。

在项目的 com.itheima.web 包中创建一个名称为 HelloController 的类，并在类中编写 hello() 方法，如文件 2-4 所示。

文件 2-4　HelloController.java

```
1  package com.itheima.web;
2  import org.springframework.web.bind.annotation.RequestMapping;
3  import org.springframework.web.bind.annotation.RestController;
4  @RestController
5  public class HelloController {
6      @RequestMapping("/hello")
7      public String hello(){
8          return "hello world!";
9      }
10 }
```

在文件 2-4 中，@RestController 注解相当于@Controller+@ResponseBody 组合在一起使用，此注解所标注类中方法的返回值返回的将不是视图页面，而是 return 语句中的内容。@RequestMapping 注解中定义了请求路径为“/hello”，通过此请求路径即可访问 hello()方法，并返回“hello world”。

此时如果执行 HelloApplication 中的 main()方法（Run As→Spring Boot App，如图 2-4 所示），即可启动项目。

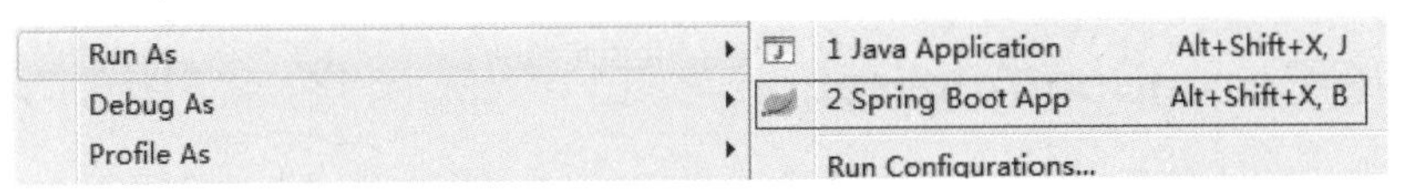

图2-4　运行程序方式

小提示

除了执行 Spring Boot App 可以启动项目外，执行图 2-4 中的 Java Application 同样也可以启动。此外，还可以使用 Maven 将项目打成 jar 包，然后在命令提示符窗口执行 java -jar xxx.jar（xxx 表示 jar 包名称）来启动项目，或者在 Eclipse 的 Maven build 中使用 spring-boot:run 配置来启动项目。

执行程序后，如果控制台中出现如图 2-5 所示信息，并且没有错误提示信息，即表示项目启动成功。

图2-5　控制台显示的信息

打开浏览器，在地址栏中输入 http://localhost:8080/hello 后，页面的显示效果如图 2-6 所示。

图2-6 浏览器显示效果

从图 2-6 中可以看出，页面中已经显示出了“hello world!”信息。至此，第一个 Spring Boot 程序就已经实现成功。

2.3 Spring Boot 的工作机制

在第一个 Spring Boot 程序中，我们只手动编写了一个类，并且没有在项目的配置文件中编写任何与之相关的信息就可以访问类中的方法。那么在这个过程中 Spring Boot 是如何运行的呢？接下来，我们将对 Spring Boot 的工作机制进行详细讲解。

2.3.1 @SpringBootApplication

通过 2.2.1 小节的学习，我们已经知道@SpringBootApplication 是 Spring Boot 的核心注解，并且它是一个复合注解。为什么说它是复合注解呢？先来看一下它的源代码，具体如下。

```
@Target(ElementType.TYPE)
@Retention(RetentionPolicy.RUNTIME)
@Documented
@Inherited
@SpringBootConfiguration
@EnableAutoConfiguration
@ComponentScan(excludeFilters = {
    @Filter(type = FilterType.CUSTOM, classes = TypeExcludeFilter.class),
    @Filter(type = FilterType.CUSTOM,
            classes = AutoConfigurationExcludeFilter.class) })
public @interface SpringBootApplication {
    ...
}
```

在上述代码中，使用了多个注解来标注信息，其中最重要的三个注解是@SpringBootConfiguration、@EnableAutoConfiguration 和 @ComponentScan。实际上，@SpringBootApplication 就是这三个注解的结合。虽然在项目中使用这三个注解可以替换@SpringBootApplication，但显然使用@SpringBootApplication 注解更加简单。

下面分别介绍一下这三个注解的作用，具体如下。

- @SpringBootConfiguration：该注解与@Configuration 的作用相同，它表示其标注的类是 IoC 容器的配置类。
- @EnableAutoConfiguration：用于将所有符合自动配置的 Bean 加载到当前 Spring Boot

创建并使用的 IoC 容器中。

- @ComponentScan：用于自动扫描和加载符合条件的组件或 Bean，并将 Bean 加载到 IoC 容器中。

2.3.2 SpringApplication

在 Spring Boot 项目的 main()方法中，SpringApplication.run(HelloApplication.class, args)是唯一执行的方法体，该方法体的执行过程可分为两部分来看，具体如下。

1. 创建 SpringApplication 对象

在 SpringApplication 实例初始化时，它会做如下几项工作。

（1）根据 classpath 内是否存在某个特征类来判断是否为 Web 应用，并使用 webEnvironment 标记是否为 Web 应用。

（2）使用 SpringFactoriesLoader 在 classpath 中的 spring.factories 文件查找并加载所有可用的 ApplicationContextInitializer。

（3）使用 SpringFactoriesLoader 在 classpath 中的 spring.factories 文件查找并加载所有可用的 ApplicationListener。

（4）推断并设置 main()方法的定义类。

2. 调用实例的 run()方法

run()方法是 Spring Boot 执行流程的主要方法，该方法执行时，主要做了如下工作。

（1）查找并加载 spring.factories 中配置的 SpringApplicationRunListener，并调用它们的 started()方法。告诉 SpringApplicationRunListener，Spring Boot 应用要执行了。

（2）创建并配置当前 Spring Boot 应用要使用的 Environment，然后遍历调用所有 SpringApplicationRunListener 的 environmentPrepared()方法。告诉 SpringBoot 应用使用的环境准备好了。

（3）如果 SpringApplication 的 showBanner 属性被设置为 true，则打印 banner。

（4）根据用户是否明确设置了 applicationContextClass 类型，以及初始化阶段（创建 SpringApplication 对象的第（1）步）的推断结果来决定当前 Spring Boot 应用创建什么类型的 ApplicationContext。

（5）创建故障分析器。故障分析器用于提供错误和诊断信息。

（6）对 ApplicationContext 进行后置处理。对所有可用的 ApplicationContextInitializer 遍历执行 initialize()方法；遍历调用所有 SpringApplicationRunListener 的 environmentPrepared()方法；将之前通过@EnableAutoConfiguration 获取的所有配置以及其他形式的 IoC 容器配置加载到已经准备完毕的 ApplicationContext；遍历调用所有 SpringApplicationRunListeners 的 contextLoaded()方法。

（7）调用 refreshContext()方法执行 applicationContext 的 refresh()方法。

（8）查找当前 ApplicationContext 中是否有 ApplicationRunner 和 CommandLineRunner，如果有，则遍历执行它们。

（9）正常情况下，会遍历执行所有 SpringApplicationRunListener 的 finished()方法；如果出现异常，也会调用该方法，只不过这种情况下会将异常信息一并传入处理。

经过上述步骤后，一个完整的 Spring Boot 项目就已经启动完成。虽然整个过程看起来比较复杂，但大部分内容都是事件通知的扩展点。如果将这些扩展点忽略，那么 Spring Boot 的整个启动流程将如图 2-7 所示。

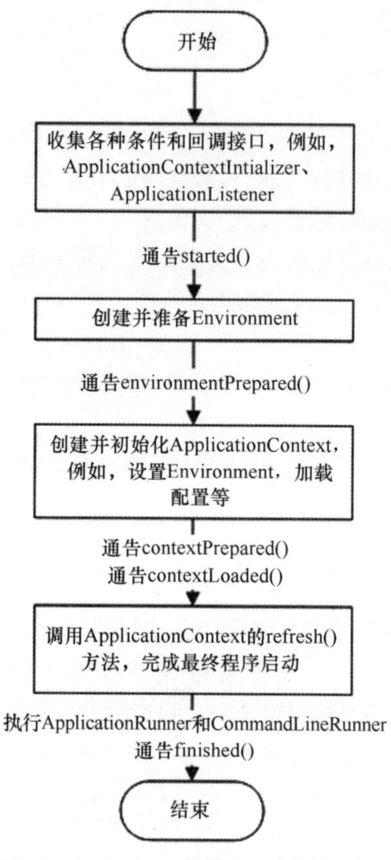

图2-7　Spring Boot的整个启动流程示意图

2.4 本章小结

本章主要对 Spring Boot 的由来、特点、使用要求、入门程序以及工作机制进行了详细讲解。相信通过本章的学习，读者已经体会到了 Spring Boot 框架的方便和高效，同时也了解了 Spring Boot 的执行过程。Spring Boot 是 Spring 框架对“约定优先于配置”理念的最佳实践产物，其本质还是一个 Spring 应用，如果读者对 Spring 框架已经十分熟悉，那么学习 Spring Boot 将是十分容易的。

Spring Boot+Spring Cloud+Docker

3 Chapter

第3章 Spring Boot应用开发

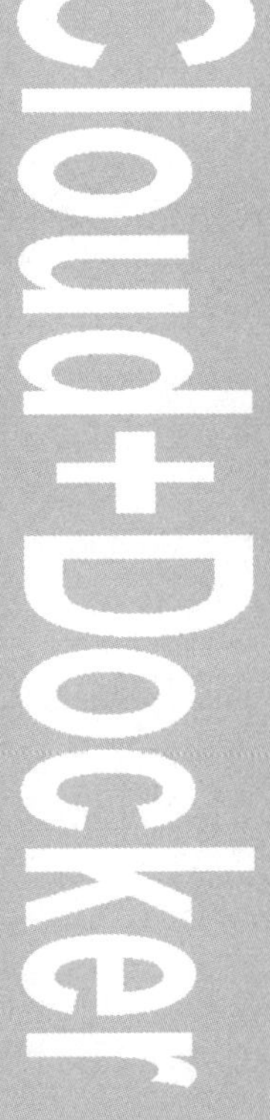

学习目标

- 掌握 Spring Boot 与 MyBatis 的集成使用
- 掌握 Spring Boot 与 Redis 的集成使用
- 掌握 Spring Boot 与 ActiveMQ 的集成使用

通过上一章的学习，相信读者对 Spring Boot 已经有了一个初步的了解，但对于初学者而言，可能还不知道如何使用 Spring Boot 进行应用开发。其实，在实际开发中，Spring Boot 并不会单独使用，它都是与其他技术结合在一起使用的。本章将以 Spring Boot 与其他几个主流技术的结合使用为例，来讲解微服务的应用开发。

3.1 Spring Boot 与 MyBatis 的集成

SSM（Spring+Spring MVC+MyBatis）是当前主流的框架组合开发方式之一，普遍被应用于互联网项目中。如果要使用 Spring Boot 开发一个基于 SSM 框架的应用，那么我们要怎么做呢？下面以一个用户查询案例为例，来讲解如何在 Spring Boot 中使用 MyBatis。

1. 准备数据库环境

在 MySQL 数据库中，创建一个名为 microservice 的数据库，在 microservice 中创建数据表 tb_user，并在表中插入 3 条数据。其建表和插入数据的 SQL 语句如下：

```
# 创建一个名称为 tb_user 的表
CREATE TABLE tb_user (
  id int(32) PRIMARY KEY AUTO_INCREMENT,
  username varchar(32),
  address varchar(256)
 );
# 插入 3 条数据
INSERT INTO tb_user VALUES ('1', '小韩', '北京市海淀区');
INSERT INTO tb_user VALUES ('2', '小石', '北京市昌平区');
INSERT INTO tb_user VALUES ('3', '小陈', '北京市顺义区');
```

2. 创建项目，添加依赖

创建一个依赖于 Web 模块的 Spring Boot 项目，在项目的 pom.xml 中添加如下依赖配置信息。

```
<!-- MyBatis 启动器 -->
<dependency>
    <groupId>org.mybatis.spring.boot</groupId>
    <artifactId>mybatis-spring-boot-starter</artifactId>
    <version>1.1.1</version>
</dependency>
<!-- MySQL 驱动 -->
<dependency>
    <groupId>mysql</groupId>
    <artifactId>mysql-connector-java</artifactId>
</dependency>
```

在上述配置代码中，mybatis-spring-boot-starter 是 Spring Boot 中的 MyBatis 启动器配置，添加此依赖后，Spring Boot 会将 MyBatis 所需的 JAR 包自动添加到项目中。MySQL 的驱动信息配置主要用于添加 MySQL 数据库驱动 JAR 包，此 JAR 包会自动依照 Spring Boot 中的版本加载相应版本，也可以通过<version>指定版本。

3. 编写配置文件

在 application.properties 中添加数据库配置信息以及日志信息，如文件 3-1 所示。

文件 3-1 application.properties

```
1  #DB Configuration
2  spring.datasource.driverClassName=com.mysql.jdbc.Driver
3  spring.datasource.url=jdbc:mysql://localhost:3306/microservice
4  spring.datasource.username=root
5  spring.datasource.password=root
6  #logging
7  logging.level.com.itheima.springboot=debug
```

4. 创建实体类

在项目的 src/main/java 中创建包 com.itheima.springboot.po，并在该包中创建实体类 User，编辑后如文件 3-2 所示。

文件 3-2 User.java

```
1  package com.itheima.springboot.po;
2  public class User{
3      private Integer id;
4      private String username;
5      private String address;
6      public Integer getId() {
7          return id;
8      }
9      public void setId(Integer id) {
10         this.id = id;
11     }
12     public String getUsername() {
13         return username;
14     }
15     public void setUsername(String username) {
16         this.username = username;
17     }
18     public String getAddress() {
19         return address;
20     }
21     public void setAddress(String address) {
22         this.address = address;
23     }
24     public User() {
25         super();
26     }
27     public User(Integer id, String username, String address) {
28         super();
29         this.id = id;
30         this.username = username;
31         this.address = address;
32     }
33 }
```

5. 编写 Mapper

在项目的 src/main/java 中创建包 com.itheima.springboot.mapper，并在该包中创建接口文件 UserMapper，编辑后如文件 3-3 所示。

文件 3-3 UserMapper.java

```
1  package com.itheima.springboot.mapper;
2  import java.util.List;
3  import org.apache.ibatis.annotations.Delete;
4  import org.apache.ibatis.annotations.Mapper;
5  import org.apache.ibatis.annotations.Select;
6  import com.itheima.springboot.po.User;
7  @Mapper
8  public interface UserMapper {
9       // 查询所有用户
10      @Select("select * from tb_user")
11      List<User> getAllUsers();
12     // 删除用户
13     @Delete("DELETE FROM tb_user WHERE id =#{id}")
14     void delete(Integer id);
15 }
```

在上述代码中，@Mapper 是 MyBatis 框架用于声明 Mapper 接口的注解，@Select 是用于映射查询 SQL 语句的注解，@Delete 是用于映射删除 SQL 语句的注解。

6. 编写 Service

（1）编写接口。在项目的 src/main/java 中创建包 com.itheima.springboot.service，并在该包中创建接口文件 UserService，编辑后如文件 3-4 所示。

文件 3-4 UserService.java

```
1  package com.itheima.springboot.service;
2  import java.util.List;
3  import com.itheima.springboot.po.User;
4  public interface UserService {
5       // 查询所有
6       List<User> getAllUsers();
7      // 删除数据
8      void deleteUser(Integer id);
9  }
```

（2）编写实现类。在项目的 src/main/java 中创建包 com.itheima.springboot.service.impl，并在该包中创建 UserService 接口的实现类 UserServiceImpl，编辑后如文件 3-5 所示。

文件 3-5 UserServiceImpl.java

```
1  package com.itheima.springboot.service.impl;
2  import java.util.List;
3  import org.springframework.beans.factory.annotation.Autowired;
4  import org.springframework.stereotype.Service;
5  import org.springframework.transaction.annotation.Transactional;
6  import com.itheima.springboot.mapper.UserMapper;
7  import com.itheima.springboot.po.User;
```

```
8  import com.itheima.springboot.service.UserService;
9  @Service
10 @Transactional
11 public class UserServiceImpl implements UserService{
12     // 注入用户 Mapper
13     @Autowired
14     private UserMapper userMapper;
15     // 查询所有用户
16     public List<User> getAllUsers() {
17         return this.userMapper.getAllUsers();
18     }
19     // 删除用户
20     public void deleteUser(Integer id) {
21         System.out.println("删除了 id 为"+id+"的用户");
22         this.userMapper.delete(id);
23     }
24 }
```

7. 编写 Controller

在项目的 src/main/java 中创建包 com.itheima.springboot.controller，并在该包中创建用户控制器类 UserController，编辑后如文件 3-6 所示。

文件 3-6 UserController.java

```
1  package com.itheima.springboot.controller;
2  import java.util.List;
3  import org.springframework.beans.factory.annotation.Autowired;
4  import org.springframework.web.bind.annotation.PathVariable;
5  import org.springframework.web.bind.annotation.RequestMapping;
6  import org.springframework.web.bind.annotation.RestController;
7  import com.itheima.springboot.po.User;
8  import com.itheima.springboot.service.UserService;
9  @RestController
10 @RequestMapping("/user")
11 public class UserController {
12     // 注入用户 Service
13     @Autowired
14     private UserService userService;
15     // 查询所有用户
16     @RequestMapping("/userList")
17     public List<User> getAllUsers(){
18         List<User> list = this.userService.getAllUsers();
19         return list;
20     }
21     // 删除用户
22     @RequestMapping("/delete/{id}")
23     public void delete(@PathVariable Integer id){
24         this.userService.deleteUser(id);
25     }
26 }
```

8. 实现前端页面

将 Easy UI 框架的资源文件拷贝到 src/main/resources 下的 static 文件夹中，并在 static 文件夹中创建页面文件 user.html，编辑后如文件 3-7 所示。

文件 3-7 user.html

```
1  <!DOCTYPE html>
2  <html>
3  <head>
4  <meta charset="UTF-8">
5  <title>用户信息</title>
6  <link rel="stylesheet" type="text/css"
7        href="ui/themes/default/easyui.css">
8  <link rel="stylesheet" type="text/css" href="ui/themes/icon.css">
9  <script type="text/javascript" src="ui/jquery.min.js"></script>
10 <script type="text/javascript" src="ui/jquery.easyui.min.js"></script>
11 <script type="text/javascript" src="ui/locale/easyui-lang-zh_CN.js">
12 </script>
13 <script type="text/javascript">
14     $(function(){
15         $('#grid').datagrid({
16             url:'user/userList',
17             fit:true,
18             columns:[[
19               {field:'id',title:'编号',width:50},
20               {field:'username',title:'姓名',width:200},
21               {field:'address',title:'地址',width:200},
22               {field:'del',title:'删除',width:100}
23             ]]
24         });
25     });
26 </script>
27 </head>
28 <body>
29 <table id="grid"></table>
30 </body>
31 </html>
```

9. 启动项目，查看结果

启动 Spring Boot 项目，在浏览器地址栏中输入访问地址 http://localhost:8080/user.html 后，浏览器的显示效果如图 3-1 所示。

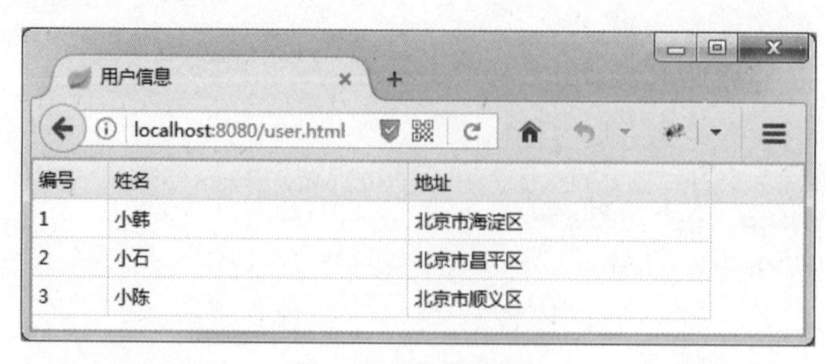

图3-1 用户信息列表

从图3-1中可以看出，数据表中的所有用户信息都已被查询出，这也就说明在Spring Boot中使用MyBatis框架成功。

多学一招：使用YAML配置外部属性

YAML是JSON的一个超集，可以非常方便地将外部配置以层次结构形式存储起来。当项目的类路径中有SnakeYAML库（spring-boot-starter中已经被包含）时，SpringApplication类将自动支持YAML作为properties的替代。

如果将项目中的application.properties文件修改为YAML文件（尾缀为.yml或yaml）的形式，则其配置信息如文件3-8所示。

文件3-8　application.yml

```
1  #DB Configuration
2  spring:
3    datasource:
4      driver-class-name: com.mysql.jdbc.Driver
5      url: jdbc:mysql://localhost:3306/microservice
6      username: root
7      password: root
8  #logging
9  logging:
10   level:
11     com.itheima.springboot: debug
```

从上述配置文件中可以看出，yml文件是一个树状结构的配置，它与properties文件相比，有很大的不同，在编写时需要注意以下几点。

（1）在properties文件中是以"."进行分割的，在yml中是用":"进行分割的。

（2）yml的数据格式和json的格式很像，都是K-V格式，并且通过":"进行赋值。

（3）每个k的冒号后面一定都要加一个空格，例如driver-class-name后面的":"之后，需要有一个空格，否则文件会报错。

由于在Spring Boot官方文档中，主要使用的是properties文件，而Spring Cloud官网文档以及一些开源的项目中，大多数使用的是yml文件，所以本书在Spring Boot部分将使用properties文件，而在后面的Spring Cloud部分将使用yml文件。

3.2　Spring Boot与Redis的集成

Redis是一个完全开源免费的、遵守BSD协议的、内存中的数据结构存储，它既可以作为数据库，也可以作为缓存和消息代理。因其性能优异等优势，目前已被很多企业所使用，但通常在企业中我们会将其作为缓存来使用。Spring Boot对Redis也提供了自动配置的支持，接下来本小节将讲解如何在Spring Boot项目中使用Redis。

3.2.1　添加Redis缓存

以上一小节的案例为例，将列表数据缓存到Redis中的实现过程如下。

1. 添加 Redis 起步依赖

在 pom.xml 中添加 Spring Boot 支持 Redis 的依赖配置，具体如下：

```
<dependency>
    <groupId>org.springframework.boot</groupId>
    <artifactId>spring-boot-starter-redis</artifactId>
    <version>1.4.4.RELEASE</version>
</dependency>
```

2. 添加缓存注解

（1）在引导类 Application.java 中，添加@EnableCaching 注解开启缓存，添加后的代码如下所示：

```
@SpringBootApplication
@EnableCaching  //开启缓存
public class Application {
    public static void main(String[] args) {
        SpringApplication.run(Application.class, args);
    }
}
```

（2）在业务逻辑类 UserServiceImpl 的 getAllUsers()方法上添加@Cacheable 注解来支持缓存，添加后的实现代码如下：

```
// 查询所有用户
@Cacheable(value="UserCache",key="'user.getAllUsers'")
public List<User> getAllUsers() {
    return this.userMapper.getAllUsers();
}
```

需要注意的是，@Cacheable 注解中的 key 属性值除了需要被英文双引号引用外，还需要加入英文单引号，否则系统在执行缓存操作时将出错。

3. 使实体类实现可序列化接口

为了便于数据的传输，需要将实体类 User 实现序列化接口 Serializable，具体代码如下：

```
import java.io.Serializable;
public class User implements Serializable{
    private static final long serialVersionUID = 1L;
    private Integer id;
    private String username;
    private String address;
    ...
}
```

4. 指定 Redis 缓存主机地址

通常情况下，Redis 缓存与 Web 应用并非部署在一台机器上，此时就需要远程调用 Redis。在 application.properties 中添加指定 Redis 所在主机及其端口号的配置，具体如下：

```
spring.redis.host=192.168.2.100
spring.redis.port=6379
```

5. 启动项目，测试缓存使用

在远程主机中启动 Redis 服务，并启动本地项目，在浏览器地址栏中输入访问地址

http://localhost:8080/user.html 后，Eclipse 控制台中的显示信息如图 3-2 所示。

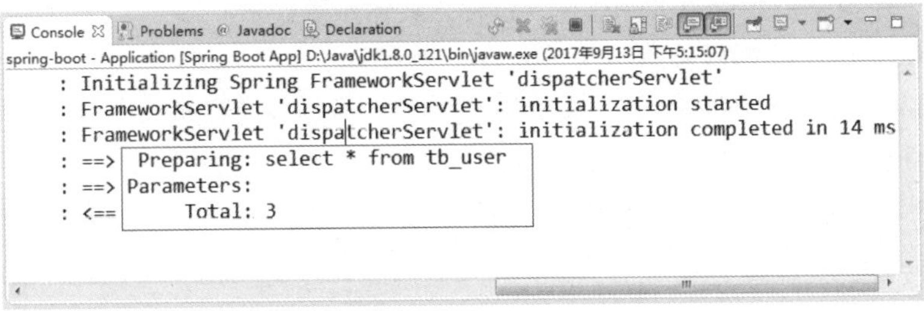

```
Console  Problems  Javadoc  Declaration
spring-boot - Application [Spring Boot App] D:\Java\jdk1.8.0_121\bin\javaw.exe (2017年9月13日 下午5:15:07)
    : Initializing Spring FrameworkServlet 'dispatcherServlet'
    : FrameworkServlet 'dispatcherServlet': initialization started
    : FrameworkServlet 'dispatcherServlet': initialization completed in 14 ms
    : ==>  Preparing: select * from tb_user
    : ==> Parameters:
    : <==      Total: 3
```

图3-2　显示信息

从图 3-2 中可以看到，程序已经执行了 SELECT 语句，并查询出了 3 条数据。此时如果刷新浏览器，系统将会再次执行查询操作。在没有使用 Redis 缓存之前，每刷新一次页面，都会执行一次查询数据库的操作，添加缓存后，会发现控制台中只出现了一次查询语句，这也就说明所配置的 Redis 缓存已经生效。

3.2.2　清除 Redis 缓存

Redis 中的缓存数据不会一直存在，当执行添加、更新和删除操作后，数据库中的数据会发生变化，而 Redis 缓存中的数据同样也需要进行相应的变化。为了保证 Redis 缓存中的数据与数据库中的一致，通常需要在执行添加、更新和删除操作之前清除缓存，然后在下一次执行查询操作时，将新的数据存储到 Redis 缓存中。

要实现清除缓存的功能很简单，只需在相应方法中使用@CacheEvict 注解即可。以删除用户为例，在用户业务逻辑类的 deleteUser()方法上添加@CacheEvict 注解信息，具体如下：

```
// 删除用户
@CacheEvict(value="UserCache",key="'user.getAllUsers'")
public void deleteUser(Integer id) {
    this.userMapper.delete(id);
    System.out.println("删除了 id 为"+id+"的用户");
}
```

从上述代码中可以看出，@CacheEvict 注解的属性配置与@Cacheable 注解的配置完全相同。

启动项目后，在浏览器中输入地址 http://localhost:8080/user/delete/3 即可执行项目中的删除操作。删除后，Eclipse 控制台会显示出输出语句信息，同时 Redis 中的缓存数据也会被相应删除。

3.3　Spring Boot 与 ActiveMQ 的集成

Spring Boot 对 JMS（Java Message Service，Java 消息服务）也提供了自动配置的支持，其主要支持的 JMS 实现有 ActiveMQ、Artemis 等。本节中，将以 ActiveMQ 为例来讲解下 Spring Boot 与 ActiveMQ 的集成使用。

3.3.1　使用内嵌的 ActiveMQ

在 Spring Boot 中，已经内置了对 ActiveMQ 的支持。要在 Spring Boot 项目中使用 ActiveMQ，

只需在 pom.xml 中添加 ActiveMQ 的起步依赖即可。

下面通过一个具体的案例来演示其使用过程，具体步骤如下。

1. 添加 ActiveMQ 起步依赖

在项目的 pom.xml 中添加 ActiveMQ 的依赖信息，所添加内容如下：

```
<dependency>
    <groupId>org.springframework.boot</groupId>
    <artifactId>spring-boot-starter-activemq</artifactId>
</dependency>
```

添加完 spring-boot-starter-activemq 依赖后，项目会自动地将 ActiveMQ 运行所需的 JAR 包加载到项目中，此时就可以在项目中使用 ActiveMQ 了。

2. 创建消息队列对象

在 Application.java 中编写一个创建消息队列的方法，其代码如下所示。

```
@Bean
public Queue queue() {
   return new ActiveMQQueue("active.queue");
}
```

在上述代码中，@Bean 注解用于定义一个 Bean。

3. 创建消息生产者

创建一个队列消息的控制器类 QueueController，并在类中编写发送消息的方法，其代码如文件 3-9 所示。

文件 3-9　QueueController.java

```
1  package com.itheima.springboot.controller;
2  import javax.jms.Queue;
3  import org.springframework.beans.factory.annotation.Autowired;
4  import org.springframework.jms.core.JmsMessagingTemplate;
5  import org.springframework.web.bind.annotation.RequestMapping;
6  import org.springframework.web.bind.annotation.RestController;
7  /**
8   * 队列消息控制器
9   */
10 @RestController
11 public class QueueController {
12     @Autowired
13     private JmsMessagingTemplate jmsMessagingTemplate;
14     @Autowired
15     private Queue queue;
16     /**
17      * 消息生产者
18      */
19     @RequestMapping("/send")
20     public void send() {
21       // 指定消息发送的目的地及内容
22      this.jmsMessagingTemplate.convertAndSend(this.queue,"新发送的消息！");
```

```
23     }
24 }
```

在上述代码中，send()方法通过 jmsMessagingTemplate 的 convertAndSend()方法指定了消息发送的目的地为 Queue 对象，所发送的内容为“新发送的消息!”。

4. 创建消息监听者

创建一个客户控制器类 CustomerController，并在类中编写监听和读取消息的方法，其代码如文件 3-10 所示。

文件 3-10　CustomerController.java

```
1  package com.itheima.springboot.controller;
2  import org.springframework.jms.annotation.JmsListener;
3  import org.springframework.web.bind.annotation.RestController;
4  /**
5   * 客户控制器
6   */
7  @RestController
8  public class CustomerController {
9      /**
10      * 监听和读取消息
11      */
12     @JmsListener(destination = "active.queue")
13     public void readActiveQueue(String message) {
14         System.out.println("接收到: "+message);
15     }
16 }
```

在上述代码中，@JmsListener 是 Spring 4.1 所提供的用于监听 JMS 消息的注解，该注解的属性 destination 用于指定要监听的目的地。本案例中监听的是 active.queue 中的消息。

5. 启动项目，测试应用

启动 Spring Boot 项目，在浏览器中输入地址 http://localhost:8080/send 后，Eclipse 的控制台将显示所接收到的消息，如图 3-3 所示。

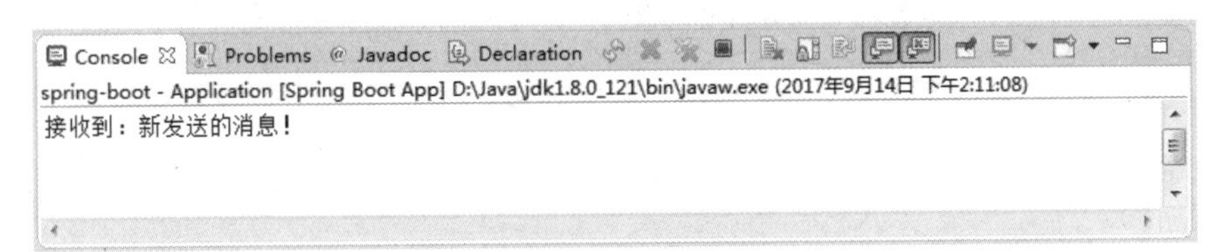

图3-3　运行结果

从图 3-3 中可以看出，控制台中已经显示出了消息生产者所产生的消息内容，这也就说明 Spring Boot 与 ActiveMQ 集成开发成功。

3.3.2　使用外部的 ActiveMQ

在实际开发中，ActiveMQ 可能是单独部署在其他机器上的，如果要使用它，就需要实现对它的远程调用。要使用远程中的 ActiveMQ 其实很简单，只需在配置文件中指定 ActiveMQ 的远程主机地址以及服务端口号，其配置代码如下：

```
spring.activemq.broker-url=tcp://192.168.2.100:61616
```

在上述配置中，192.168.2.100 是远程主机的 IP 地址，61616 是 ActiveMQ 的服务端口号。

启动远程主机上的 ActiveMQ，并通过其 8161 端口号访问 ActiveMQ 的管理页面，如图 3-4 所示。

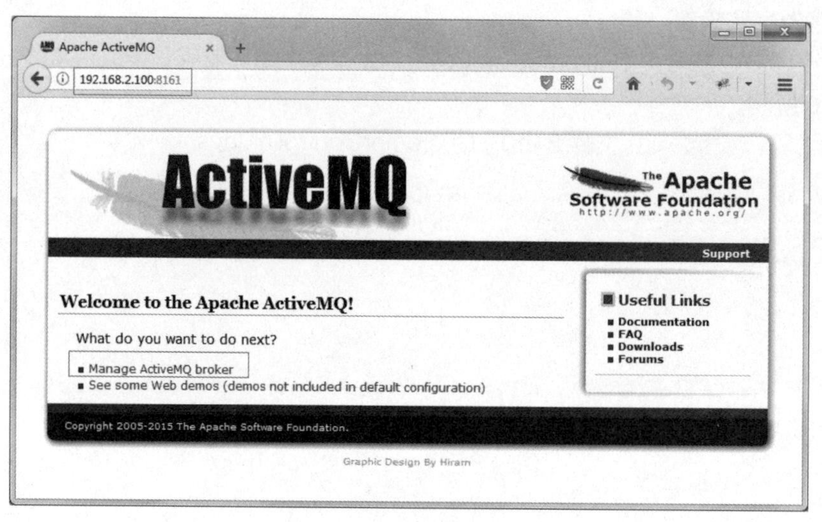

图3-4 ActiveMQ管理页面

在图 3-4 中，单击 Manage ActiveMQ broker 链接，在弹出窗口中输入默认的用户名和密码 admin 后，将进入 ActiveMQ 的控制台。单击顶部菜单中的 Queues 链接，将显示所有队列信息。此时如果启动项目，访问 http://localhost:8080/send，并执行 3 次刷新操作后，ActiveMQ 管理页面中的队列信息显示如图 3-5 所示。

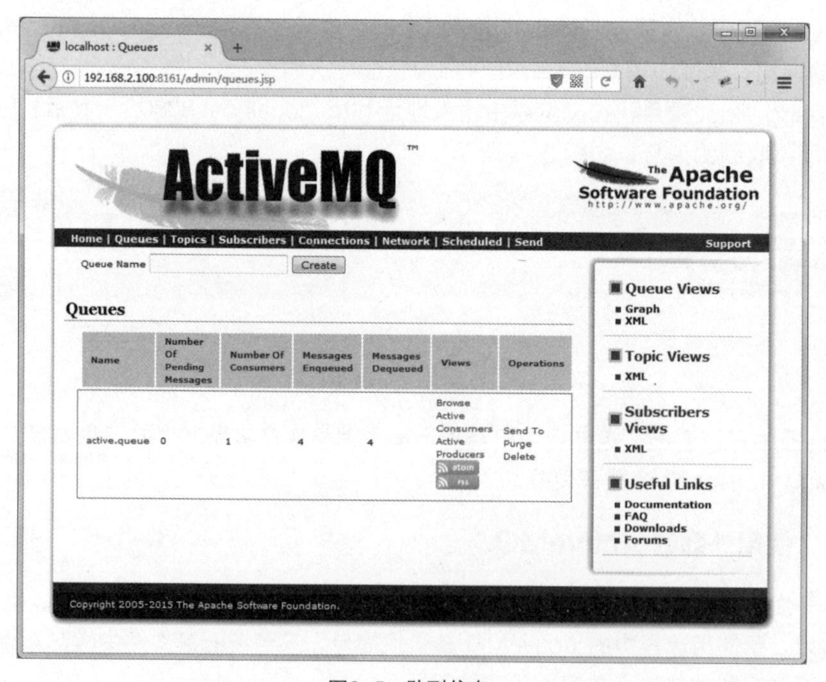

图3-5 队列信息

从图3-5中可以看出，队列中包含1个消费者（Number Of Consumers），并且进入队列的消息（Messages Enqueued）和出队列的消息（Messages Dequeued）都为4次，这说明队列操作已正确执行。

3.4 Spring Boot应用的打包和部署

传统的Web应用在发布之前通常会打成WAR包，然后将WAR包部署到Tomcat等容器中使用，而通过前面的学习我们已经知道，Spring Boot应用既能以JAR包的形式部署，又能以WAR包的形式部署。

3.4.1 JAR包

在前面讲解的Spring Boot项目中，我们所选择的打包方式是JAR，在Eclipse中只需要执行Maven的package命令就可以将项目打成一个JAR包，如图3-6所示。

将图3-6中的JAR包复制到系统D盘，并使用压缩软件打开。我们可以在其lib文件夹中发现很多JAR包，实际上这些JAR包就是项目所依赖的JAR包，其中还包括了Tomcat的JAR包，如图3-7所示。

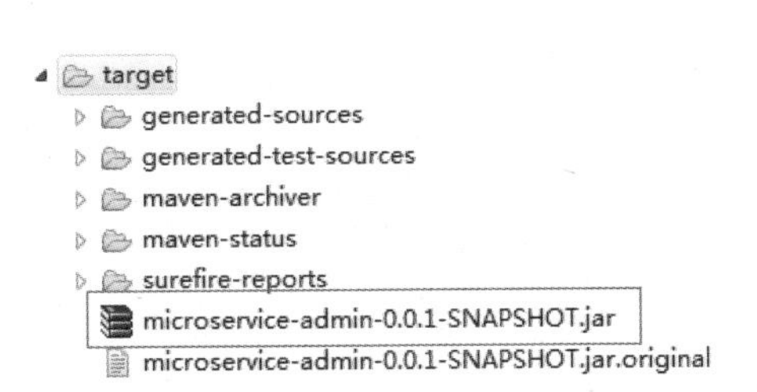

图3-6　target目录

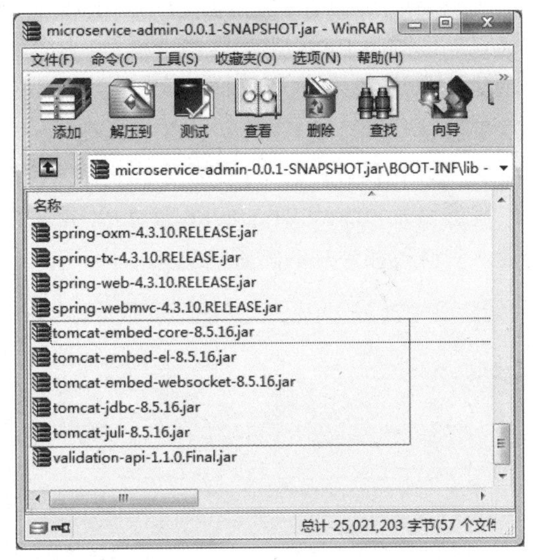

图3-7　JAR包中的文件

由于在项目JAR包中已经包含了Tomcat，所以我们不需要另外部署Tomcat就可以在命令行中将项目启动起来。

在命令提示符窗口中进入JAR包所在目录（D盘），并通过如下命令来执行JAR包：

```
java -jar microservice-admin-0.0.1-SNAPSHOT.jar
```

执行后的命令提示符窗口如图3-8所示。

从图3-8中可以看出，窗口中已经显示出来Spring Boot项目的启动信息。执行成功后，即可通过浏览器对项目进行访问。

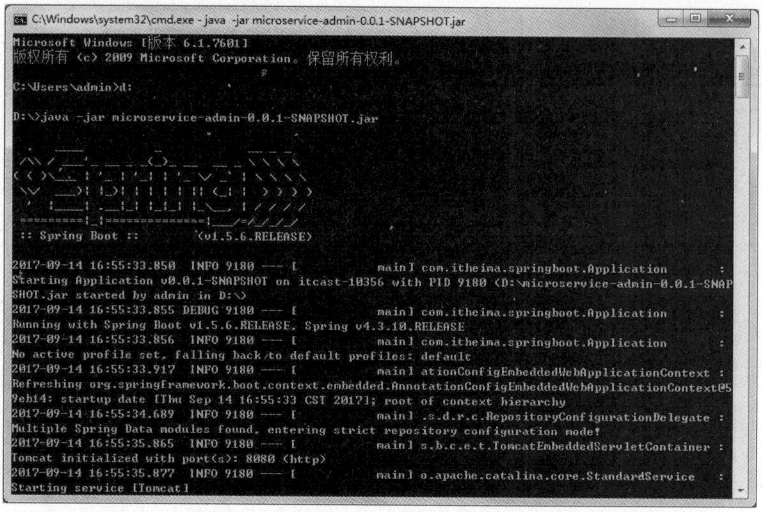

图3-8 执行结果

3.4.2 WAR包

虽然通过 Spring Boot 内嵌的 Tomcat 可以直接运行所打的 JAR 包，但是有时候我们也会希望通过外部的 Tomcat 来管理多个项目。由于 JAR 包在 Tomcat 中是无法运行的，所以我们需要将项目打成 WAR 包的形式。

要想将项目打成 WAR 包，并可以在 Tomcat 中运行，需要执行以下两个步骤。

1. 修改打包方式，并添加 Tomcat 依赖

将项目 pom.xml 中<packaging>元素内的 jar 修改为 war，并在文件中添加 Tomcat 的依赖配置。其修改和添加的配置信息如下：

```
<packaging>jar</packaging>
...
<dependency>
    <groupId>org.springframework.boot</groupId>
    <artifactId>spring-boot-starter-tomcat</artifactId>
    <scope>provided</scope>
</dependency>
```

上述配置代码中，spring-boot-starter-tomcat 是 Spring Boot 自带的 Tomcat 依赖，默认会被打到项目的 lib 包中。当我们将其依赖范围设置为 provided 时，将产生一个可执行的 WAR 包，在包中的 lib-provided 目录会有 provided 依赖。这样不仅可以部署到 Servlet 容器启动项目，还可以通过命令行执行 java –jar 命令来运行此应用。

2. 创建 SpringBootServletInitializer 子类，并覆盖其配置方法

要产生一个可部署的 war 包，还需要提供一个 SpringBootServletInitializer 子类，并覆盖它的 configure()方法。通常我们可以采用两种方式：一是把应用的主类（引导类）修改为继承 SpringBootServletInitializer 的类，并覆盖 configure()方法；二是创建一个继承了 SpringBootServletInitializer 的类，并覆盖 configure()方法。以创建 SpringBootServletInitializer 子类的方式为例，其子类实现代码如文件 3-11 所示。

文件 3-11 ServletInitializer.java

```
1  package com.itheima.springboot;
2  import org.springframework.boot.builder.SpringApplicationBuilder;
3  import
4       org.springframework.boot.web.support.SpringBootServletInitializer;
5  public class ServletInitializer extends SpringBootServletInitializer {
6      @Override
7      protected SpringApplicationBuilder configure(
8                                  SpringApplicationBuilder application) {
9          return application.sources(Application.class);
10     }
11 }
```

完成这两步后，即可通过 package 命令将项目打成 WAR 包，然后将 WAR 包部署到 Tomcat 中启动。

3.5 本章小结

本章主要讲解了如何使用 Spring Boot 与其他技术进行集成开发。作为微服务的开发框架，Spring Boot 能够与其他很多技术集成使用，本章中只是讲解了实际开发中比较常用的几个技术，其他技术的引入使用也基本大同小异，都是先将其起步依赖 JAR 包加入到配置文件中，然后直接使用即可。本书主要讲解的是微服务架构相关内容，而关于 Spring Boot 的更多内容，将不再深入讲解，有兴趣的读者可参照官方文档学习（本书中使用版本的官网文档地址是 https://docs.spring.io/spring-boot/docs/1.5.6.RELEASE/reference/htmlsingle/）。

Spring Boot+Spring Cloud+Docker

4 Chapter

第4章 Spring Cloud（上）

学习目标

- 了解 Spring Cloud 的概念和特点
- 掌握 Spring Cloud Eureka 的使用
- 掌握 Spring Cloud Ribbon 的使用

在微服务的架构体系中，Spring Boot 只能用于应用开发，而要想实现完整的微服务架构，还需要实现架构中的服务注册与发现、API 网关和负载均衡等功能。接下来的两章将讲解如何通过 Spring Cloud 来实现架构中的这些功能。

4.1 Spring Cloud 简介

4.1.1 什么是 Spring Cloud

Spring Cloud 是在 Spring Boot 的基础上构建的，用于简化分布式系统构建的工具集。该工具集为微服务架构中所涉及的配置管理、服务发现、智能路由、断路器、微代理和控制总线等操作提供了一种简单的开发方式。

Spring Cloud 中包含了多个子项目，可以通过官网 http://projects.spring.io/spring-cloud/ 查看这些子项目。本书中主要涉及到以下几个子项目的内容，具体介绍如下。

- Spring Cloud Netflix：集成了各种 OSS 组件，其中包括 Eureka、Ribbon、Hystrix、Zuul、Feign 和 Archaius 等。
- Spring Cloud Config：配置管理工具，支持使用 Git 存储配置内容，可以使用它实现应用配置的外部化存储，并支持客户端配置信息刷新、加密和解密等配置内容。
- Spring Cloud Starters：Spring Cloud 的基础组件，是基于 Spring Boot 风格项目的基础依赖模块。

除上述几个子项目外，Spring Cloud 中的子项目还包括 Spring Cloud Bus、Spring Cloud Consul 和 Spring Cloud CLI 等，这些项目都有着特定的功能，有兴趣的读者可自行到官网中了解。

4.1.2 Spring Cloud 的特点

Spring Cloud 有很多特点，其中最大的特点就是它的集成性，它将很多开源产品都集成到了自身的框架中，使其越来越强大。除此之外，Spring Cloud 还有如下特点。

1. 使用方便

在使用时，开发人员不需要过多的配置，也不需要调用很多接口，通过简单的配置即可轻松上手。

2. 功能齐全

Spring Cloud 涵盖了微服务架构中的各个方面，集成了很多公司优秀的开源框架，能够充分满足微服务开发者的各项需求。

3. 易于扩展和维护

所有组件的引入方式相同，都是通过 Maven 或 Gradle 引入依赖。各个组件之间没有代码上的耦合，因此可以根据需求不断地增加、删除和替换组件。

4. 适用于各种环境

使用 Spring Cloud 组件开发的项目可以应用于 PC 服务器、云环境，以及各种容器（如 Docker）。

4.1.3 Spring Cloud 的版本

Spring Cloud 的版本号并不像其他 Spring 项目是通过数字来区分版本号的（如 Spring 4.3.10），

而是根据英文字母的顺序，采用伦敦的“地名+版本号”的方式来命名的，例如 Angel SR6、Brixton SR7、Camden SR7、Dalston SR3 等。其中 Angel、Brixton 是地名，而 SR 是 Service Releases 的缩写，是固定的写法，后面的数字是小版本号，具体如图 4-1 所示。

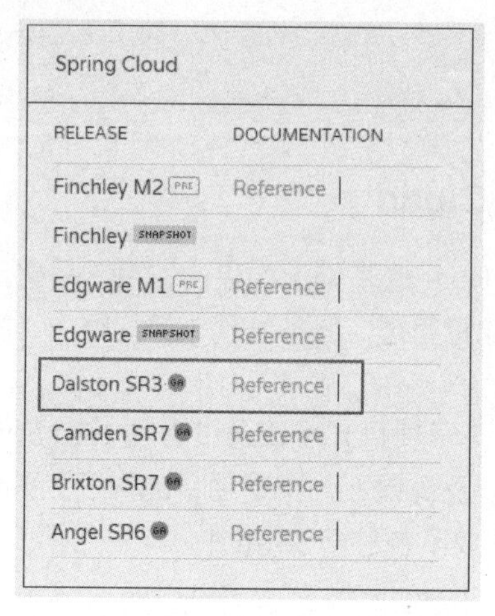

图4-1 Spring Cloud的版本

本书编写时，官方的最新版本为 Finchley M2，它是一个测试版本，而最新的正式版本为 Dalston SR3，因此本书就以 Dalston SR3 版本为例进行讲解，建议读者学习时也使用同样版本。

由于 Spring Cloud 的版本更新很快，所以读者在学习时可能会发现官网中正式版本的小版本号与书中的并不一致，这是很正常的。截止到本书结稿时，官网中的正式版本已经是 Dalston SR4 了。读者在学习时，使用与书中一致的版本即可。

4.2 服务发现

在微服务架构中，服务发现可以说是最为核心和基础的模块，该模块主要用于实现各个微服务实例的自动化注册与发现。在 Spring Cloud 的子项目中，Spring Cloud Netflix 提供了 Eureka 来实现服务的发现功能，本节将对 Eureka 的使用进行详细讲解。

4.2.1 Eureka 介绍

Eureka 是 Netflix 开发的一个服务发现框架，本身是一个基于 REST 的服务，主要用于定位运行在 AWS（Amazon Web Services）域中的中间层服务，以达到负载均衡和中间层服务故障转移的目的。Spring Cloud 将其集成在自己的子项目 Spring Cloud Netflix 中，以实现 Spring Cloud 的服务发现功能。

Eureka 的服务发现包含两大组件：服务端发现组件（Eureka Server）和客户端发现组件（Eureka Client）。服务端发现组件也被称之为服务注册中心，主要提供了服务的注册功能，而客户端发现组件主要用于处理服务的注册与发现。Eureka 的服务发现机制如图 4-2 所示。

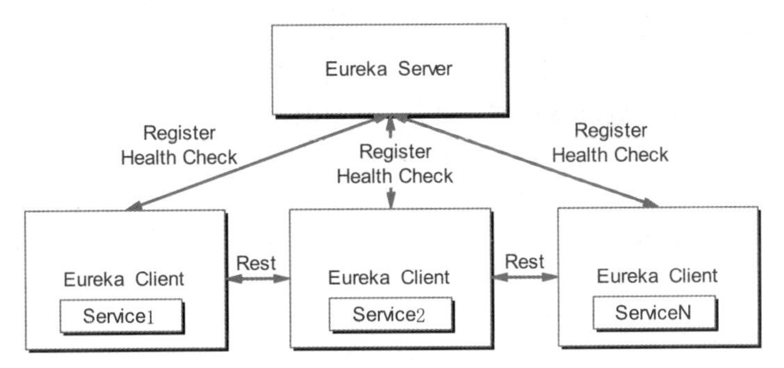

图4-2 Eureka的服务发现机制

从图 4-2 可以看出，当客户端服务通过注解等方式嵌入到程序的代码中运行时，客户端发现组件就会向注册中心注册自身提供的服务，并周期性地发送心跳来更新服务（默认时间为 30s，如果连续三次心跳都不能够发现服务，那么 Eureka 就会将这个服务节点从服务注册表中移除）。与此同时，客户端发现组件还会从服务端查询当前注册的服务信息并缓存到本地，即使 Eureka Server 出现了问题，客户端组件也可以通过缓存中的信息调用服务节点的服务。各个服务之间会通过注册中心的注册信息以 Rest 方式来实现调用，并且可以直接通过服务名进行调用。

Eureka 的服务发现机制包含了 3 个角色：服务注册中心、服务提供者和服务消费者。这 3 个角色之间的关系如图 4-3 所示。

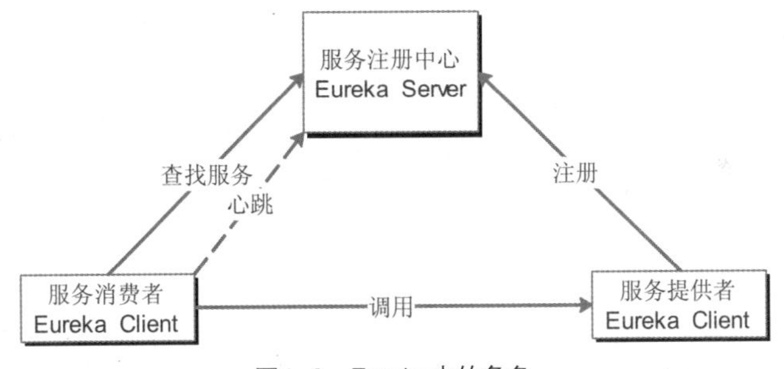

图4-3 Eureka中的角色

在图 4-3 中，服务注册中心即 Eureka Server，而服务提供者和服务消费者是 Eureka Client。这里的服务提供者是指提供服务的应用，可以是 Spring Boot 应用，也可以是其他技术平台且遵循 Eureka 通信机制的应用，应用在运行时会自动地将自己提供的服务注册到 Eureka Server 以供其他应用发现。

服务消费者就是需要服务的应用，该服务在运行时会从服务注册中心获取服务列表，然后通过服务列表知道去何处调用其他服务。服务消费者会与服务注册中心保持心跳连接，一旦服务提供者的地址发生变更时，注册中心会通知服务消费者。

需要注意的是，Eureka 服务提供者和服务消费者之间的角色是可以相互转换的，因为一个服务既可能是服务消费者，同时也可能是服务提供者。

4.2.2 如何使用 Eureka 注册服务

通过上一小节的学习我们已经知道，要使用 Eureka 实现服务发现，需要项目中包含 Eureka

的服务端发现组件以及客户端发现组件。接下来，本节将对这两种组件的实现过程进行详细讲解。

1. 搭建 Maven 父工程

在 Eclipse 中，创建一个 Maven 父工程 microservice-springcloud，并在工程的 pom.xml 中添加 Spring Cloud 的版本依赖等信息，如文件 4-1 所示。

文件 4-1 pom.xml

```
1  <project xmlns="http://maven.apache.org/POM/4.0.0"
2          xmlns:xsi="http://www.w3.org/2001/XMLSchema-instance"
3          xsi:schemaLocation="http://maven.apache.org/POM/4.0.0
4                      http://maven.apache.org/xsd/maven-4.0.0.xsd">
5      <modelVersion>4.0.0</modelVersion>
6      <groupId>com.itheima</groupId>
7      <artifactId>microservice-springcloud</artifactId>
8      <version>0.0.1-SNAPSHOT</version>
9      <packaging>pom</packaging>
10     <parent>
11         <groupId>org.springframework.boot</groupId>
12         <artifactId>spring-boot-starter-parent</artifactId>
13         <version>1.5.6.RELEASE</version>
14         <relativePath />
15     </parent>
16     <properties>
17         <project.build.sourceEncoding>
18             UTF-8
19         </project.build.sourceEncoding>
20         <project.reporting.outputEncoding>
21             UTF-8
22         </project.reporting.outputEncoding>
23         <java.version>1.8</java.version>
24     </properties>
25     <dependencyManagement>
26         <dependencies>
27             <dependency>
28                 <groupId>org.springframework.cloud</groupId>
29                 <artifactId>spring-cloud-dependencies</artifactId>
30                 <version>Dalston.SR3</version>
31                 <type>pom</type>
32                 <scope>import</scope>
33             </dependency>
34         </dependencies>
35     </dependencyManagement>
36     <build>
37         <plugins>
38             <!--Spring Boot 的编译插件 -->
39             <plugin>
40                 <groupId>org.springframework.boot</groupId>
41                 <artifactId>spring-boot-maven-plugin</artifactId>
42             </plugin>
43         </plugins>
```

```
44     </build>
45 </project>
```

在上述代码中，加粗部分的依赖就是 Spring Cloud 的 Dalston SR3 版本的依赖配置。

2. 搭建服务端工程

在父工程 microservice-springcloud 中，创建 Maven 子模块 microservice-eureka-server 作为服务端工程，该模块是一个基础的 Spring Boot 工程，其主要文件代码的实现过程如下。

（1）添加依赖。在 pom.xml 中添加 Eureka Server 的依赖，如文件 4-2 所示。

文件 4-2　pom.xml

```
1  <project xmlns="http://maven.apache.org/POM/4.0.0"
2          xmlns:xsi="http://www.w3.org/2001/XMLSchema-instance"
3           xsi:schemaLocation="http://maven.apache.org/POM/4.0.0
4                  http://maven.apache.org/xsd/maven-4.0.0.xsd">
5      <modelVersion>4.0.0</modelVersion>
6      <parent>
7          <groupId>com.itheima</groupId>
8          <artifactId>microservice-springcloud</artifactId>
9          <version>0.0.1-SNAPSHOT</version>
10     </parent>
11     <artifactId>microservice-eureka-server</artifactId>
12     <dependencies>
13         <dependency>
14             <groupId>org.springframework.cloud</groupId>
15             <artifactId>spring-cloud-starter-eureka-server</artifactId>
16         </dependency>
17     </dependencies>
18 </project>
```

（2）编写配置文件。在配置文件中增加端口号等配置信息，如文件 4-3 所示。

文件 4-3　application.yml

```
1  server:
2    port: 8761
3  eureka:
4    instance:
5      hostname: localhost
6    client:
7      register-with-eureka: false
8      fetch-registry: false
9      service-url:
10       defaultZone:
11             http://${eureka.instance.hostname}:${server.port}/eureka/
```

上述代码中，首先配置了端口号为 8761，所有服务的实例都需要向此端口注册。接下来配置了实例名为 localhost。由于本项目是一个注册中心，是不需要向自己注册和检索服务的，所以 register-with-eureka 和 fetch-registry 都需要设置为 false。最后 defaultZone 中的地址是注册中心的地址。

（3）修改服务端 Java 代码。在项目的引导类上添加注解@EnableEurekaServer，该注解用于声明标注类是一个 Eureka Server，如文件 4-4 所示。

文件 4-4　EurekaApplication.java

```
1  package com.itheima.springcloud;
2  import org.springframework.boot.SpringApplication;
3  import org.springframework.boot.autoconfigure.SpringBootApplication;
4  import
5    org.springframework.cloud.netflix.eureka.server.EnableEurekaServer;
6  @SpringBootApplication
7  @EnableEurekaServer
8  public class EurekaApplication {
9      public static void main(String[] args) {
10         SpringApplication.run(EurekaApplication.class, args);
11     }
12 }
```

（4）启动应用，查看信息。完成上述配置后，启动应用程序并在浏览器中访问地址 http://localhost:8761/即可看到 Eureka 的信息面板，如图 4-4 所示。

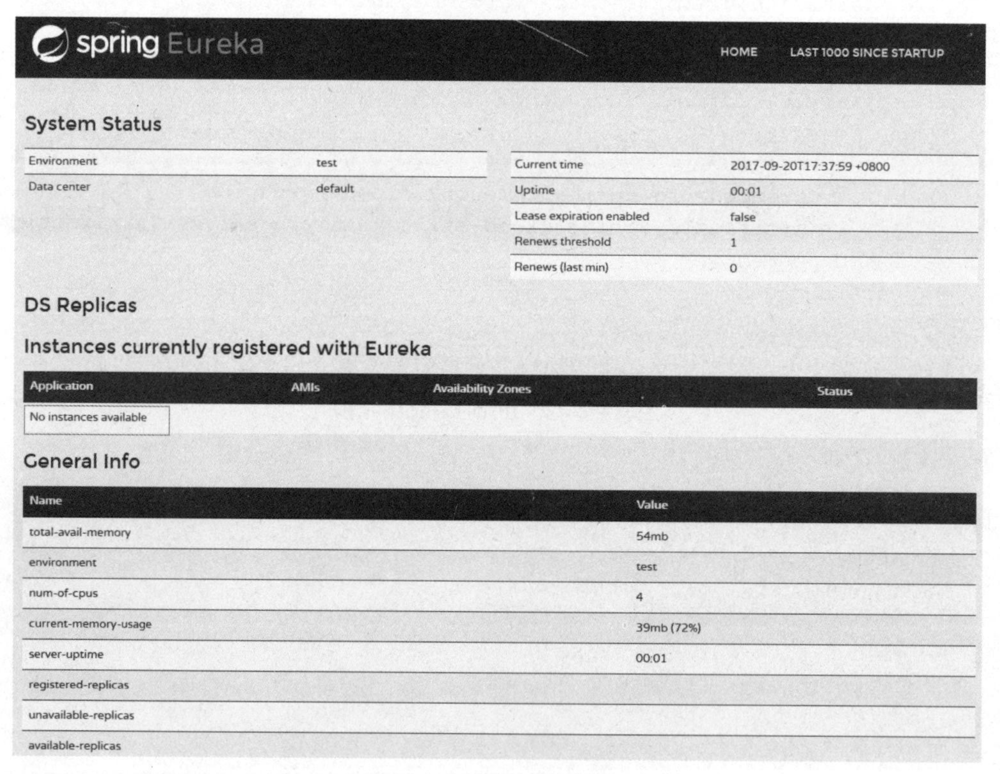

图4-4　Eureka的信息面板

从图 4-4 可以看出，Eureka Server 的信息页面已经成功显示，但此时“Instances currently registered with Eureka”下的显示信息为“No instances available”，这表示该注册中心还没有注册任何可用的实例。

3. 搭建客户端工程

在父工程 microservice-springcloud 中，创建 Maven 子模块 microservice-eureka-user

作为客户端工程，该模块也是一个基础的 Spring Boot 工程，其主要文件代码的实现过程如下。

（1）添加依赖。在 pom.xml 中添加 Eureka 依赖，如文件 4-5 所示。

文件 4-5　pom.xml

```
1  <project xmlns="http://maven.apache.org/POM/4.0.0"
2          xmlns:xsi="http://www.w3.org/2001/XMLSchema-instance"
3          xsi:schemaLocation="http://maven.apache.org/POM/4.0.0
4                      http://maven.apache.org/xsd/maven-4.0.0.xsd">
5      <modelVersion>4.0.0</modelVersion>
6      <parent>
7          <groupId>com.itheima</groupId>
8          <artifactId>microservice-springcloud</artifactId>
9          <version>0.0.1-SNAPSHOT</version>
10     </parent>
11     <artifactId>microservice-eureka-user</artifactId>
12     <dependencies>
13         <dependency>
14             <groupId>org.springframework.cloud</groupId>
15             <artifactId>spring-cloud-starter-eureka</artifactId>
16         </dependency>
17     </dependencies>
18 </project>
```

（2）编写配置文件。在配置文件中添加 Eureka 服务实例的端口号、服务端地址等信息，如文件 4-6 所示。

文件 4-6　application.yml

```
1  server:
2    port: 8000 # 指定该Eureka实例的端口号
3  eureka:
4    instance:
5      prefer-ip-address: true  # 是否显示主机的IP
6    client:
7      service-url:
8        defaultZone: http://localhost:8761/eureka/  # 指定Eureka服务端地址
9  spring:
10   application:
11     name: microservice-eureka-user # 指定应用名称
```

（3）修改客户端 Java 代码。在项目的引导类上添加注解@EnableEurekaClient，该注解用于声明标注类是一个 Eureka 客户端组件，如文件 4-7 所示。

文件 4-7　Application.java

```
1  package com.itheima.springcloud;
2  import org.springframework.boot.SpringApplication;
3  import org.springframework.boot.autoconfigure.SpringBootApplication;
4  import org.springframework.cloud.netflix.eureka.EnableEurekaClient;
5  import org.springframework.web.bind.annotation.RequestMapping;
6  import org.springframework.web.bind.annotation.RestController;
7  @SpringBootApplication
```

```
8  @EnableEurekaClient
9  @RestController
10 public class Application {
11     @RequestMapping("/hello")
12     public String home() {
13         return "hello world!";
14     }
15     public static void main(String[] args) {
16         SpringApplication.run(Application.class, args);
17     }
18 }
```

（4）启动应用，查看信息。完成上述配置后，分别启动服务器工程和客户端工程，在浏览器中访问地址 http://localhost:8761/后，我们可以从 Eureka 的信息面板中看到注册的服务信息，如图 4-5 所示。

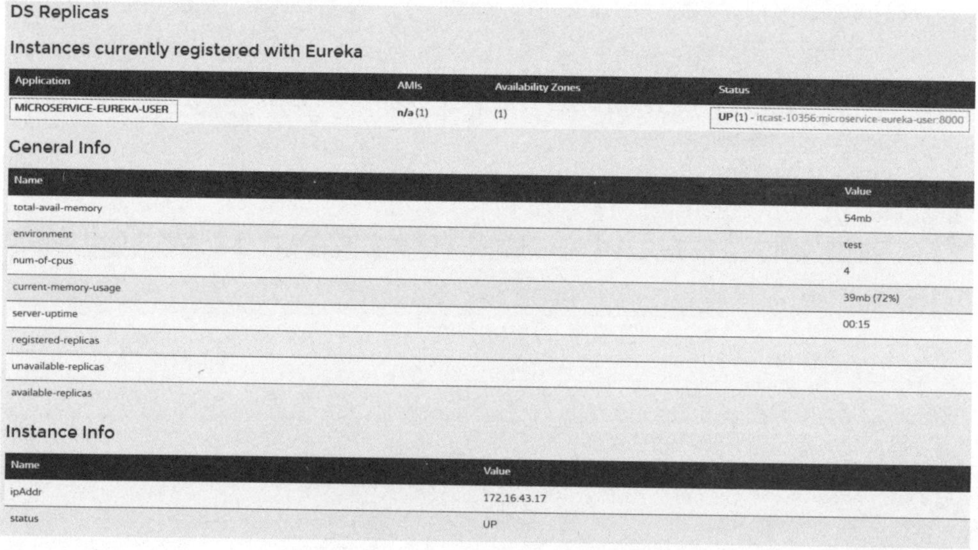

DS Replicas

Instances currently registered with Eureka

Application	AMIs	Availability Zones	Status
MICROSERVICE-EUREKA-USER	n/a (1)	(1)	UP (1) - itcast-10356:microservice-eureka-user:8000

General Info

Name	Value
total-avail-memory	54mb
environment	test
num-of-cpus	4
current-memory-usage	39mb (72%)
server-uptime	00:15
registered-replicas	
unavailable-replicas	
available-replicas	

Instance Info

Name	Value
ipAddr	172.16.43.17
status	UP

图4-5　注册的服务信息

从图 4-5 中可以看出，服务已经成功注册到了注册中心，注册后的服务就可以直接被其他服务调用了。

需要注意的是，在本地调试基于 Eureka 的程序时，可能会在注册信息页面中出现红色警告信息，如图 4-6 所示。

EMERGENCY! EUREKA MAY BE INCORRECTLY CLAIMING INSTANCES ARE UP WHEN THEY'RE NOT. RENEWALS ARE LESSER THAN THRESHOLD AND HENCE THE INSTANCES ARE NOT BEING EXPIRED JUST TO BE SAFE.

图4-6　Eureka的警告信息

出现图 4-6 中的警告信息是因为本地调试时触发了 Eureka Server 的自我保护机制。该机制会使注册中心所维护的实例不是很准确，所以在本地开发时，可以在 Eureka Server 应用的配置文件中使用 eureka.server.enable-self-preservation=false 参数来关闭保护机制，以确保注册中心可以将不可用的实例正确删除。

小提示

配置文件中编写了 eureka.instance.prefer-ip-address= true（即是否显示主机的 IP）后，当鼠标移动到注册实例 Status 列中的链接上时，在浏览器左下角会显示出"IP：端口号"形式的链接。如果要将 Status 中的显示内容也以"IP：端口号"的形式显示（默认显示方式为"机器名：服务名：端口号"），可以在配置文件中添加如下配置：

eureka.instance.instance-id=${spring.cloud.client.ipAddress}:${server.port}

4.2.3　如何实现服务间的调用

上一小节中，我们已经将一个用户服务注册到了注册中心，但此时只有一个服务。如果存在多个服务时，要怎么通过注册中心来实现服务之间的调用呢？接下来将通过一个用户和订单之间的调用案例，来演示 Eureka Server 中服务之间的调用。

1. 搭建订单服务工程

在父工程 microservice-springcloud 中，创建 Maven 子模块 microservice-eureka-order，其主要文件代码的实现过程如下。

（1）在 pom.xml 中，添加 spring-cloud-starter-eureka 依赖，其代码如下。

```
<dependency>
    <groupId>org.springframework.cloud</groupId>
    <artifactId>spring-cloud-starter-eureka</artifactId>
</dependency>
```

（2）编写配置文件。在配置文件中添加 Eureka 服务实例的端口号、服务端地址等信息，如文件 4-8 所示。

文件 4-8　application.yml

```
1  server:
2    port: 7900 # 指定该 Eureka 实例的端口号
3  eureka:
4    instance:
5      prefer-ip-address: true  # 是否显示主机的 IP
6    client:
7      service-url:
8        defaultZone: http://localhost:8761/eureka/  # 指定 Eureka 服务端地址
9  spring:
10   application:
11     name: microservice-eureka-order # 指定应用名称
```

（3）创建订单实体类。创建 com.itheima.springcloud.po 包，并在包中创建订单实体类 Order，编辑后如文件 4-9 所示。

文件 4-9　Order.java

```
1  package com.itheima.springcloud.po;
2  public class Order {
3      private String id;
4      private Double price;
```

```
5      private String receiverName;
6      private String receiverAddress;
7      private String receiverPhone;
8      public String getId() {
9          return id;
10     }
11     public void setId(String id) {
12         this.id = id;
13     }
14     public Double getPrice() {
15         return price;
16     }
17     public void setPrice(Double price) {
18         this.price = price;
19     }
20     public String getReceiverName() {
21         return receiverName;
22     }
23     public void setReceiverName(String receiverName) {
24         this.receiverName = receiverName;
25     }
26     public String getReceiverAddress() {
27         return receiverAddress;
28     }
29     public void setReceiverAddress(String receiverAddress) {
30         this.receiverAddress = receiverAddress;
31     }
32     public String getReceiverPhone() {
33         return receiverPhone;
34     }
35     public void setReceiverPhone(String receiverPhone) {
36         this.receiverPhone = receiverPhone;
37     }
38     @Override
39     public String toString() {
40         return "Order [id=" + id + ", price=" + price + ", "
41             + "receiverName=" + receiverName + ", receiverAddress="
42             + receiverAddress + ", receiverPhone=" + receiverPhone + "]";
43     }
44 }
```

（4）创建订单控制器类。创建 com.itheima.springcloud.controller 包，并在包中创建订单控制器类 OrderController。在该类中模拟编写一个通过 id 查询订单的方法，如文件 4-10 所示。

文件 4-10 OrderController.java

```
1 package com.itheima.springcloud.controller;
2 import org.springframework.web.bind.annotation.GetMapping;
3 import org.springframework.web.bind.annotation.PathVariable;
4 import org.springframework.web.bind.annotation.RestController;
5 import com.itheima.springcloud.po.Order;
```

```
6  @RestController
7  public class OrderController {
8      /**
9       * 通过id查询订单
10      */
11     @GetMapping("/order/{id}")
12     public String findOrderById(@PathVariable String id) {
13         Order order = new Order();
14         order.setId("123");
15         order.setPrice(23.5);
16         order.setReceiverAddress("beijing");
17         order.setReceiverName("xiaoqiang");
18         order.setReceiverPhone("13422343311");
19         return order.toString();
20     }
21 }
```

（5）在引导类中添加@EnableEurekaClient注解。

2. 编写用户服务功能

（1）在microservice-eureka-user工程的引导类中，创建RestTemplate的Spring实例，其代码如下：

```
@Bean
public RestTemplate restTemplate() {
    return new RestTemplate();
}
```

在上述代码中，RestTemplate是Spring提供的用于访问Rest服务的客户端实例，它提供了多种便捷访问远程Http服务的方法，能够大大提高客户端的编写效率。

（2）创建用户控制器类，并在类中编写查询方法，如文件4-11所示。

文件4-11　UserController.java

```
1  package com.itheima.springcloud.controller;
2  import org.springframework.beans.factory.annotation.Autowired;
3  import org.springframework.web.bind.annotation.GetMapping;
4  import org.springframework.web.bind.annotation.PathVariable;
5  import org.springframework.web.bind.annotation.RestController;
6  import org.springframework.web.client.RestTemplate;
7  @RestController
8  public class UserController {
9      @Autowired
10     private RestTemplate restTemplate;
11     /**
12      * 查找与用户相关的订单
13      */
14     @GetMapping("/findOrdersByUser/{id}")
15     public String findOrdersByUser(@PathVariable String id) {
16         // 假设用户只有一个订单，并且订单id为123
17         int oid = 123;
18         return this.restTemplate
```

```
19            .getForObject("http://localhost:7900/order/" + oid, String.class);
20     }
21 }
```

在上述代码中，当用户查询订单时，首先会通过用户 id 查询与用户相关的所有订单（由于这里主要是演示服务的调用，所以省略了查询方法，并且自定义了一个 oid 为 123 的订单，来模拟查询出的结果）。然后通过 restTemplate 对象的 getForObject()方法调用了订单服务中的查询订单方法来查询订单 id 为 123 的订单信息。

3. 启动服务应用，测试服务调用

分别启动服务注册中心应用、订单服务应用和用户服务应用，此时 Eureka 信息页面的显示信息如图 4-7 所示。

Instances currently registered with Eureka

Application	AMIs	Availability Zones	Status
MICROSERVICE-EUREKA-ORDER	n/a (1)	(1)	UP (1) - itcast-10356:microservice-eureka-order:7900
MICROSERVICE-EUREKA-USER	n/a (1)	(1)	UP (1) - itcast-10356:microservice-eureka-user:8000

图4-7　已注册的服务

当通过浏览器访问地址 http://localhost:8000/findOrdersByUser/1（1 表示用户 id）后，浏览器的显示效果如图 4-8 所示。

图4-8　显示效果

从图 4-8 中可以看到，通过访问用户服务，已经成功查询到了与用户相关的订单信息。

4.3 客户端负载均衡

在分布式架构中，服务器端负载均衡通常是由 Nginx 实现分发请求的，而客户端的同一个实例部署在多个应用上时，也需要实现负载均衡。那么 Spring Cloud 中是否提供了这种负载均衡的功能呢？答案是肯定的。我们可以通过 Spring Cloud 中的 Ribbon 来实现此功能。本节将对 Spring Cloud 中的 Ribbon 进行详细讲解。

4.3.1 Ribbon 介绍

Ribbon 是 Netflix 发布的开源项目，其主要功能是提供客户端的软件负载均衡算法，将 Netflix 的中间层服务连接在一起。Ribbon 的客户端组件提供了一系列完善的配置项，例如连接超时、重试等。

在 Eureka 的自动配置依赖模块 spring-cloud-starter-eureka 中，已经集成了 Ribbon（其集成后的依赖层级关系如图 4-9 所示），我们可以直接使用 Ribbon 来实现客户端的负载均衡。二者同时使用时，Ribbon 会利用从 Eureka 读取到的服务信息列表，在调用服务实例时，以合理的方式进行负载。

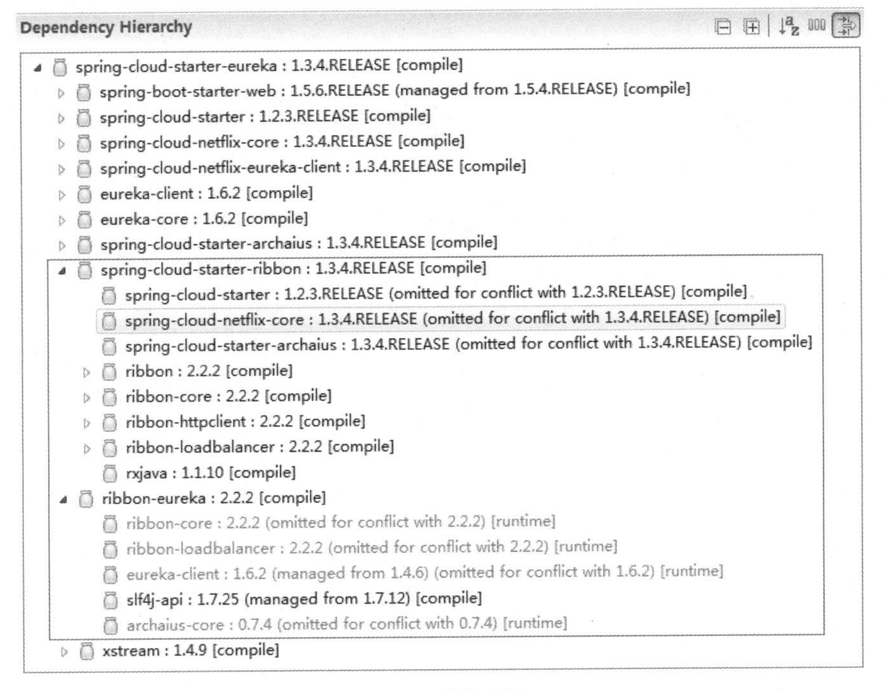

图4-9　依赖层级

4.3.2 Ribbon 的使用

在 Eureka 中使用 Ribbon 十分简单，只需要在实例化 RestTemplate 的方法上添加@LoadBalanced 注解，并在其执行方法中使用服务实例的名称即可。具体实现过程如下：

（1）添加@LoadBalanced 注解。在 microservice-eureka-user 工程引导类中的 restTemplate()方法上添加@LoadBalanced 注解，其代码如下：

```
@Bean
@LoadBalanced
public RestTemplate restTemplate() {
    return new RestTemplate();
}
```

在上述方法代码中，RestTemplate 被@LoadBalanced 注解后，就具有了负载均衡的能力。

（2）使用服务实例名称。在用户服务实例的查询方法中，使用服务提供者（订单服务）的实例名称来执行已注册服务列表中实例的方法，具体如下：

```
@GetMapping("/findOrdersByUser/{id}")
public String findOrdersByUser(@PathVariable String id) {
  return this.restTemplate
    .getForObject("http://microservice-eureka-order/" + id, String.class);
}
```

从上述代码中可以看出，getForObject()方法的 URI 中使用的已经不是“主机地址+端口号”

的形式，而使用的是注册中心中的订单服务实例名称。

（3）创建服务监听类。为了演示负载均衡的实现效果，这里在 microservice-eureka-order 工程中创建一个用于监听服务实例端口的工具类 ServiceInfoUtil，其实现代码如下。

```
@Configuration //注册组件
public class ServiceInfoUtil implements
        ApplicationListener<EmbeddedServletContainerInitializedEvent>{
    /**
     * 声明 event 对象，该对象用于获取运行服务器的本地端口
     */
     private static EmbeddedServletContainerInitializedEvent event;
    @Override
    public void onApplicationEvent(
            EmbeddedServletContainerInitializedEvent event) {
        ServiceInfoUtil.event = event;
    }
    /**
     * 获取端口号
     */
    public static int getPort() {
        int port = event.getEmbeddedServletContainer().getPort();
        return port;
    }
}
```

上述工具类实现了 ApplicationListener 接口，该接口在 Spring3.0 中添加了泛型来声明所需要监听的事件类型，其中 EmbeddedServletContainerInitializedEvent 主要用于获取运行服务器的本地端口号。

（4）添加输出语句。在订单控制器类 OrderController 的查询订单方法中，增加一行执行输出当前实例端口号的语句。具体如下：

```
System.out.println(ServiceInfoUtil.getPort());
```

（5）启动服务，测试应用。分别启动注册中心、用户服务和订单服务，然后修改订单服务的端口号（如 7901），再次启动一个订单服务后，Eureka 信息页面的注册信息如图 4-10 所示。

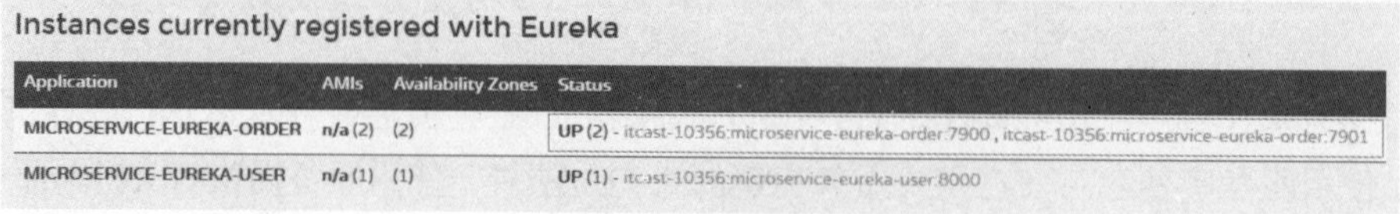

Instances currently registered with Eureka

Application	AMIs	Availability Zones	Status
MICROSERVICE-EUREKA-ORDER	n/a (2)	(2)	UP (2) - itcast-10356:microservice-eureka-order:7900 , itcast-10356:microservice-eureka-order:7901
MICROSERVICE-EUREKA-USER	n/a (1)	(1)	UP (1) - itcast-10356:microservice-eureka-user:8000

图4-10 注册信息

从图 4-10 中可以看到，名称为 microservice-eureka-order 的实例名称下包含两个不同端口号（7900 和 7901）的实例应用。

当通过浏览器连续 4 次访问地址 http://localhost:8000/findOrdersByUser/1 后，两个应用的 Eclipse 控制台的输出结果如图 4-11 所示。

```
Console ⊠ Problems @ Javadoc Declaration Boot Dashboard
microservice-eureka-order - Application [Spring Boot App] D:\Java\jdk1.8.0_121\bin\javaw.exe (2017年10月27日 下午2:20:40)
2017-10-27 14:22:40.994  INFO 10412 --- [nio-7900-exec-1] o.a.c.c.C.[Tomcat].[localho
2017-10-27 14:22:40.994  INFO 10412 --- [nio-7900-exec-1] o.s.web.servlet.DispatcherS
2017-10-27 14:22:41.007  INFO 10412 --- [nio-7900-exec-1] o.s.web.servlet.DispatcherS
7900
7900

Console ⊠ Problems @ Javadoc Declaration Boot Dashboard
microservice-eureka-order - Application (1) [Spring Boot App] D:\Java\jdk1.8.0_121\bin\javaw.exe (2017年10月27日 下午2:21:32)
2017-10-27 14:22:43.687  INFO 10324 --- [nio-7901-exec-1] o.a.c.c.C.[Tomcat].[localho
2017-10-27 14:22:43.687  INFO 10324 --- [nio-7901-exec-1] o.s.web.servlet.DispatcherS
2017-10-27 14:22:43.700  INFO 10324 --- [nio-7901-exec-1] o.s.web.servlet.DispatcherS
7901
7901
```

图4-11　输出结果

从图 4-11 可以看出，在浏览器连续访问 4 次后，用户服务实例通过 Ribbon 分别调用了 2 次端口为 7900 和 7901 的订单服务实例，这说明已成功通过 Ribbon 实现了客户端的负载均衡。

其实 Ribbon 在工作时主要分为两步：第 1 步先选择 Eureka Server，它会优先选择在同一个区域且负载较少的 Server；第 2 步会根据用户指定的策略（如轮询、随机等）从 Server 取到的服务注册列表中选择一个地址。本案例中，Ribbon 所使用的策略就是轮询。

4.4　本章小结

Spring Cloud 提供了非常多的组件，这些组件覆盖了微服务架构所涉及的每一个部分。本章主要讲解了微服务架构中的服务发现以及客户端负载均衡。在下一章中，我们将继续讲解微服务架构中的服务容错保护、API 网关服务，以及分布式配置管理的内容。

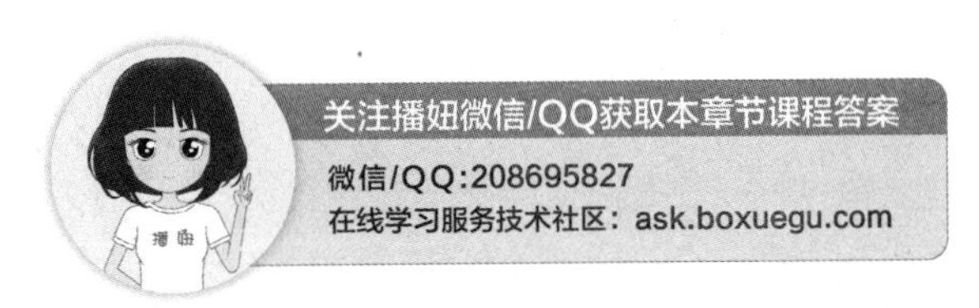
关注播妞微信/QQ获取本章节课程答案
微信/QQ:208695827
在线学习服务技术社区：ask.boxuegu.com

5 Chapter

第 5 章 Spring Cloud（下）

学习目标

- 掌握 Spring Cloud Hystrix 的使用
- 掌握 Spring Cloud Zuul 的使用
- 掌握 Spring Cloud Config 的使用

在上一章中，我们已经对 Spring Cloud 中的服务发现和客户端负载均衡进行了讲解，本章将针对 Spring Cloud 中的服务容错保护、API 网关服务，以及分布式配置管理进行讲解。

5.1 服务容错保护

5.1.1 Spring Cloud Hystrix 介绍

在微服务架构中，通常会存在多个服务层调用的情况，如果基础服务出现故障可能会发生级联传递，导致整个服务链上的服务不可用，如图 5-1 所示。

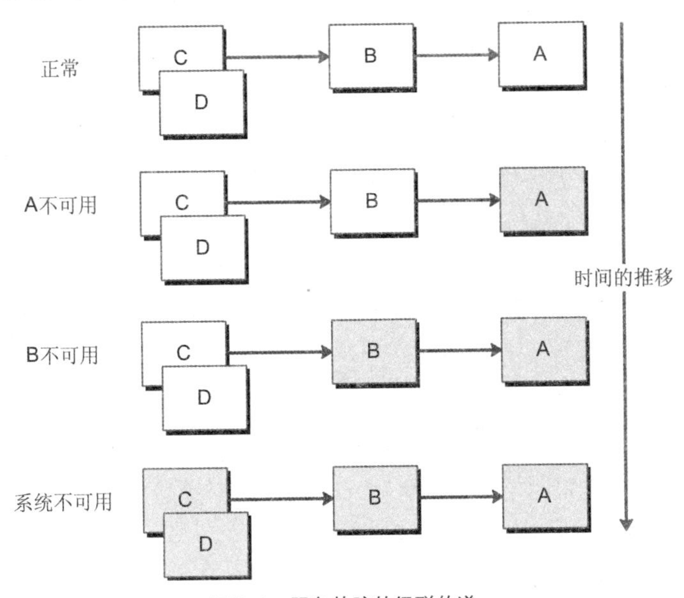

图5-1 服务故障的级联传递

在图 5-1 中，A 为服务提供者，B 为 A 的服务调用者，C 和 D 是 B 的服务调用者。随着时间的推移，当 A 的不可用引起 B 的不可用，并将不可用逐渐放大到 C 和 D 时，整个服务就崩溃了。

为了解决服务级联失败这种问题，在分布式架构中产生了断路器等一系列的服务保护机制。分布式架构中的断路器，有些类似于我们生活中的空气开关，当电路发生短路等情况时，空气开关会立刻断开电流，以防止用电火灾的发生。

在 Spring Cloud 中，Spring Cloud Hystrix 就是用来实现断路器、线程隔离等服务保护功能的。Spring Cloud Hystrix 是基于 Netflix 的开源框架 Hystrix 实现的，该框架的使用目标在于通过控制那些访问远程系统、服务和第三方库的节点，从而对延迟和故障提供更强大的容错能力。

与空气开关不能自动重新打开有所不同的是，断路器是可以实现弹性容错的，在一定条件下它能够自动打开和关闭，其使用时主要有三种状态，如图 5-2 所示。

在图 5-2 中，断路器的开关由关闭到打开的状态是通过当前服务健康状况（服务的健康状况=请求失败数/请求总数）和设定阈值（默认为 10 秒内的 20 次故障）比较决定的。当断路器开关关闭时，请求被允许通过断路器，如果当前健康状况高于设定阈值，开关继续保持关闭；如果当前健康状况低于设定阈值，开关则切换为打开状态。当断路器开关打开时，请求被禁止通过；

如果设置了 fallback 方法，则会进入 fallback 的流程。当断路器开关处于打开状态，经过一段时间后，断路器会自动进入半开状态，这时断路器只允许一个请求通过；当该请求调用成功时，断路器恢复到关闭状态；若该请求失败，断路器继续保持打开状态，接下来的请求会被禁止通过。

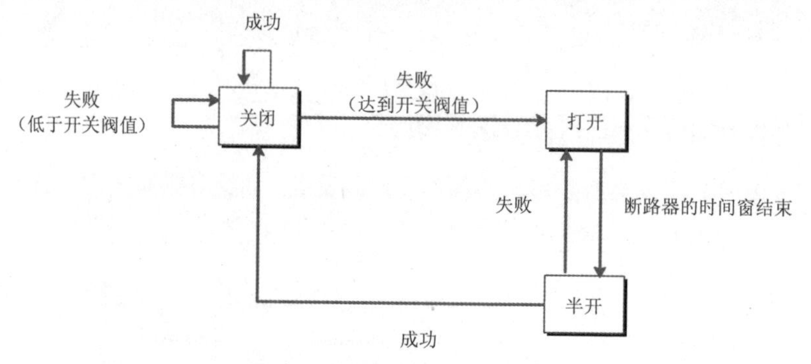

图5-2 断路器的三种状态转换

Spring Cloud Hystrix 能保证服务调用者在调用异常服务时快速地返回结果，避免大量的同步等待，这是通过 HystrixCommand 的 fallback 方法实现的，如图 5-3 所示。

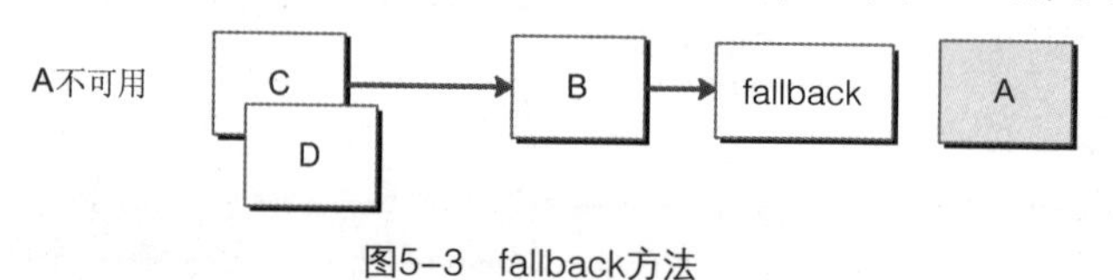

图5-3 fallback方法

在图 5-3 中，虽然 A 服务仍然不可用，但采用 fallback 的方式可以给用户一个友好的提示结果，这样就避免了其他服务的崩溃问题。

5.1.2 Spring Cloud Hystrix 的使用

了解了为什么需要使用 Hystrix，以及 Hystrix 在使用时的三种状态后，下面通过一个案例来讲解如何在应用中使用 Spring Cloud Hystrix 来实现断路器的容错功能，并使用 FallBack()方法为熔断或异常提供备选方案。案例中主要涉及到以下几个工程：

- microservice-eureka-server 工程：服务注册中心，端口为 8761；
- microservice-eureka-order 工程：服务提供者，需要启动两个订单实例，其端口号分别为 7900 和 7901；
- microservice-eureka-user-hystrix 工程：服务消费者，使用 Ribbon 实现的，端口号为 8030，此工程可以在 microservice-eureka-user 工程内容的基础上修改。

在上述三个工程中，microservice-eureka-server 和 microservice-eureka-order 可以使用第 4 章中所创建的工程，而 microservice-eureka-user-hystrix 工程需要重新搭建和编写。其具体实现过程如下。

（1）创建 microservice-eureka-user-hystrix 工程，并在其 pom.xml 中引入 eureka 和 hystrix 的依赖，如文件 5-1 所示。

文件 5-1 pom.xml

```
1  <project xmlns="http://maven.apache.org/POM/4.0.0"
2          xmlns:xsi="http://www.w3.org/2001/XMLSchema-instance"
```

```
3          xsi:schemaLocation="http://maven.apache.org/POM/4.0.0
4                              http://maven.apache.org/xsd/maven-4.0.0.xsd">
5      <modelVersion>4.0.0</modelVersion>
6      <parent>
7          <groupId>com.itheima</groupId>
8          <artifactId>microservice-springcloud</artifactId>
9          <version>0.0.1-SNAPSHOT</version>
10     </parent>
11     <artifactId>microservice-eureka-user-hystrix</artifactId>
12     <dependencies>
13         <dependency>
14             <groupId>org.springframework.cloud</groupId>
15             <artifactId>spring-cloud-starter-eureka</artifactId>
16         </dependency>
17        <!-- Hystrix 依赖 -->
18         <dependency>
19             <groupId>org.springframework.cloud</groupId>
20             <artifactId>spring-cloud-starter-hystrix</artifactId>
21         </dependency>
22     </dependencies>
23 </project>
```

（2）编辑配置文件。在配置文件中添加 Eureka 服务实例的端口号、服务端地址等，如文件5-2 所示。

文件 5-2 application.yml

```
1  server:
2    port: 8030 # 指定该 Eureka 实例的端口号
3  eureka:
4    instance:
5      prefer-ip-address: true  # 是否显示主机的 IP
6    client:
7      service-url:
8        defaultZone: http://localhost:8761/eureka/  # 指定 Eureka 服务端地址
9  spring:
10   application:
11     name: microservice-eureka-user-hystrix # 指定应用名称
```

在上述文件中，Eureka 实例的端口号为 8030，同时该应用的名称为 microservice-eureka-user-hystrix。

（3）在工程主类 Application 中使用@EnableCircuitBreaker 注解开启断路器功能，编辑后如文件 5-3 所示。

文件 5-3 Application.java

```
1  package com.itheima.springcloud;
2  import org.springframework.boot.SpringApplication;
3  import org.springframework.boot.autoconfigure.SpringBootApplication;
4  import
5    org.springframework.cloud.client.circuitbreaker.EnableCircuitBreaker;
6  import org.springframework.cloud.client.loadbalancer.LoadBalanced;
```

```
7  import org.springframework.cloud.netflix.eureka.EnableEurekaClient;
8  import org.springframework.context.annotation.Bean;
9  import org.springframework.web.client.RestTemplate;
10 @SpringBootApplication
11 @EnableCircuitBreaker
12 @EnableEurekaClient
13 public class Application {
14     /**
15      * 实例化 RestTemplate
16      * RestTemplate 是 Spring 提供的用于访问 Rest 服务的客户端，
17      * 它提供了多种便捷访问远程 Http 服务的方法，能够大大提高客户端的编写效率。
18      */
19     @Bean
20     @LoadBalanced
21     public RestTemplate restTemplate() {
22         return new RestTemplate();
23     }
24    public static void main(String[] args) {
25        SpringApplication.run(Application.class, args);
26    }
27 }
```

（4）修改用户控制器类。在 findOrdersByUser()方法上添加@HystrixCommand 注解来指定回调方法，编辑后如文件 5-4 所示。

文件 5-4　UserController.java

```
1  package com.itheima.springcloud.controller;
2  import org.springframework.beans.factory.annotation.Autowired;
3  import org.springframework.web.bind.annotation.GetMapping;
4  import org.springframework.web.bind.annotation.PathVariable;
5  import org.springframework.web.bind.annotation.RestController;
6  import org.springframework.web.client.RestTemplate;
7  import com.netflix.hystrix.contrib.javanica.annotation.HystrixCommand;
8  /**
9   * 用户控制器类
10  */
11 @RestController
12 public class UserController {
13     @Autowired
14     private RestTemplate restTemplate;
15    /**
16     * 查找与用户相关的订单
17     */
18     @GetMapping("/findOrdersByUser/{id}")
19     @HystrixCommand(fallbackMethod = "fallbackInfo")
20     public String findOrdersByUser(@PathVariable String id) {
21         return this.restTemplate
22             .getForObject("http://microservice-eureka-order/order/" + id,
23                           String.class);
24     }
```

```
25      /**
26       * 返回信息方法
27       */
28      public String fallbackInfo(@PathVariable String id){
29          return "服务不可用，请稍后再试！";
30      }
31 }
```

在上述代码中，@HystrixCommand 注解用于指定当前方法发生异常时调用的方法，该方法是通过其属性 fallbackMethod 的属性值来指定的。这里需要注意的是，回调方法的参数类型以及返回值必须要和原方法保持一致。

（5）分别启动注册中心、服务提供者（7900 和 7901）和服务消费者后，注册中心信息页面中已注册的服务如图 5-4 所示。

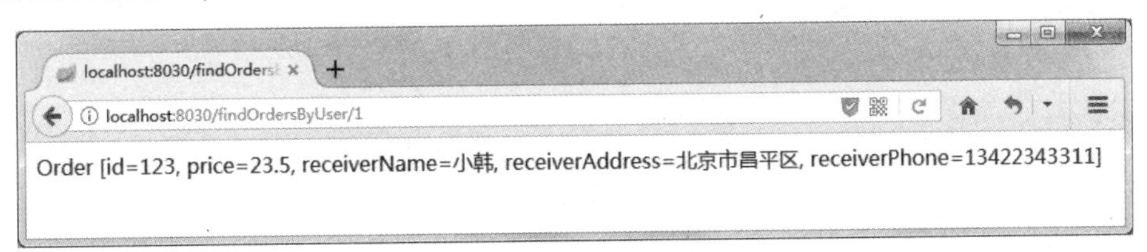

图5-4 已注册的服务

此时如果访问 http://localhost:8030/findOrdersByUser/1，浏览器的显示效果如图 5-5 所示。

Order [id=123, price=23.5, receiverName=小韩, receiverAddress=北京市昌平区, receiverPhone=13422343311]

图5-5 浏览器的显示效果

当多次访问 http://localhost:8030/findOrdersByUser/1 时，后台将通过轮询的方式分别访问 7900 和 7901 端口所对应的服务。此时如果停止 7901 对应的服务，那么多次执行访问时，在轮询到 7901 端口对应的服务时，页面将显示提示信息（如图 5-6 所示），这也就说明 Spring Cloud Hystrix 的服务回调（fallbackInfo()方法）生效。

图5-6 提示信息

5.1.3 Hystrix Dashboard 的使用

Hystrix 除了可以对不可用的服务进行断路隔离外，还能够对服务进行实时监控。Hystrix 可以实时、累加地记录所有关于 HystrixCommand 的执行信息，包括每秒执行多少、请求成功多少、失败多少等。

要想实时地对服务进行监控，需要在项目中添加相关的监控依赖，具体如下：

```
<dependency>
    <groupId>org.springframework.boot</groupId>
    <artifactId>spring-boot-starter-actuator</artifactId>
</dependency>
```

在 microservice-eureka-user-hystrix 工程的 pom.xml 中引入上述依赖后，即可查看监控信息，具体操作步骤如下。

（1）分别启动注册中心、服务提供者（7901）和服务消费者工程。

（2）通过浏览器访问地址 http://localhost:8030/findOrdersByUser/1（此步骤不可省略，否则将由于系统应用的所有接口都未被调用，而只输出 ping:）。

（3）通过浏览器访问地址 http://localhost:8030/hystrix.stream，将看到如图 5-7 所示的输出信息。

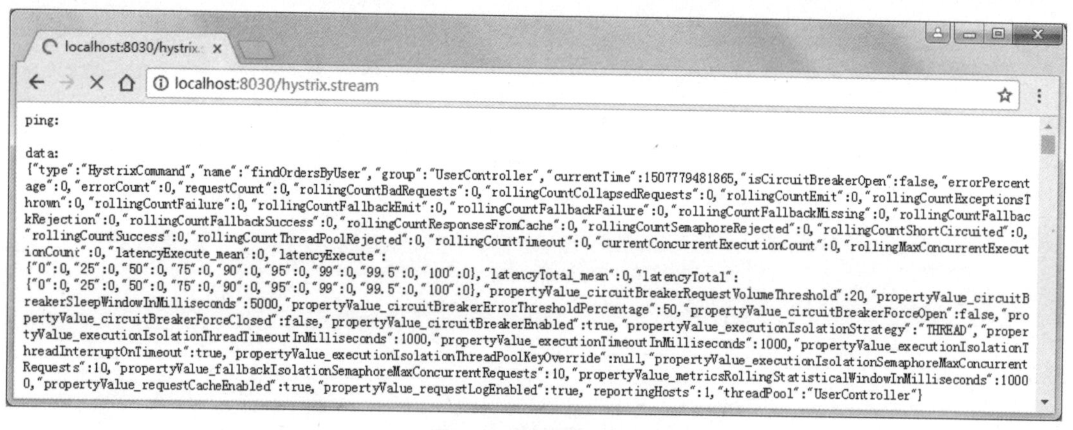

图5-7 实时监控信息

从图 5-7 可以看出，访问具体地址后，浏览器会不断地执行刷新操作以获取实时的监控数据。这样运维人员就可以通过这些数据来判断出系统当前的监控状态。

虽然采用上面这种纯文字输出的方式可以实时监控数据，但其可读性十分差。为此，我们可以通过 Hystrix Dashboard 以可视化的方式来查看实时监控数据。Hystrix Dashboard 是 Hystrix 的一个组件，它提供了数据监控和友好的图形化界面支持。

下面通过一个具体的应用来演示 Hystrix Dashboard 的使用。

（1）新建 microservice-springcloud 的子工程 microservice-hystrix-dashboard，在其 pom.xml 文件中添加监控依赖和 Hystrix Dashboard 依赖，如文件 5-5 所示。

文件 5-5 pom.xml

```
1  <project xmlns="http://maven.apache.org/POM/4.0.0"
2           xmlns:xsi="http://www.w3.org/2001/XMLSchema-instance"
3           xsi:schemaLocation="http://maven.apache.org/POM/4.0.0
4                       http://maven.apache.org/xsd/maven-4.0.0.xsd">
5      <modelVersion>4.0.0</modelVersion>
6      <parent>
7          <groupId>com.itheima</groupId>
8          <artifactId>microservice-springcloud</artifactId>
```

```
9           <version>0.0.1-SNAPSHOT</version>
10      </parent>
11      <artifactId>microservice-hystrix-dashboard</artifactId>
12      <dependencies>
13          <dependency>
14              <groupId>org.springframework.cloud</groupId>
15              <artifactId>
16              spring-cloud-starter-hystrix-dashboard
17             </artifactId>
18          </dependency>
19          <dependency>
20              <groupId>org.springframework.boot</groupId>
21              <artifactId>spring-boot-starter-actuator</artifactId>
22          </dependency>
23      </dependencies>
24  </project>
```

（2）编写配置文件 application.yml，指定应用的端口号和名称等信息，如文件 5-6 所示。

文件 5-6　application.yml

```
1  server:
2    port: 8031 # 指定该Eureka实例的端口号
3  spring:
4    application:
5      name: microservice-hystrix-dashboard # 指定应用名称
```

（3）编写启动类 Application.java，并在其类上添加@EnableHystrixDashboard 注解来开启 Hystrix 仪表板功能，如文件 5-7 所示。

文件 5-7　Application.java

```
1  package com.itheima.springcloud;
2  import org.springframework.boot.SpringApplication;
3  import org.springframework.boot.autoconfigure.SpringBootApplication;
4  import org.springframework.cloud.netflix.hystrix.dashboard
5                                          .EnableHystrixDashboard;
6  @SpringBootApplication
7  @EnableHystrixDashboard
8  public class Application {
9      public static void main(String[] args) {
10         SpringApplication.run(Application.class, args);
11     }
12 }
```

（4）启动工程后，通过浏览器访问地址 http://localhost:8031/hystrix.stream 将会看到如图 5-8 所示的信息。

在图 5-8 中，Hystrix Dashboard 下的输入框用于输入需要监控的服务 URL，Delay 中的参数表示服务器上的轮询时间间隔，Title 中的输入框用于设置浏览器中所监视服务的标题。

在 Hystrix Dashboard 下的输入框中输入 http://localhost:8030/hystrix.stream，并设置 Title 为“订单微服务”后，单击【Monitor Stream】按钮，将出现如图 5-9 所示页面。

Hystrix Dashboard

http://hostname:port/turbine/turbine.stream

Cluster via Turbine (default cluster): http://turbine-hostname:port/turbine.stream
Cluster via Turbine (custom cluster): http://turbine-hostname:port/turbine.stream?cluster=[clusterName]
Single Hystrix App: http://hystrix-app:port/hystrix.stream

Delay: 2000 ms Title: Example Hystrix App

Monitor Stream

图5-8　Hystrix Dashboard

Hystrix Stream: 订单微服务　　HYSTRIX DEFEND YOUR APP

Circuit　Sort: Error then Volume | Alphabetical | Volume | Error | Mean | Median | 90 | 99 | 99.5

Success | Short-Circuited | Bad Request | Timeout | Rejected | Failure | Error %

findOrdersByUser

0 | 0 | 0.0 %
0 | 0
0 | 0

Host: 0.0/s
Cluster: 0.0/s
Circuit Closed

Hosts 1 90th 0ms
Median 0ms 99th 0ms
Mean 0ms 99.5th 0ms

Thread Pools　Sort: Alphabetical | Volume |

UserController

Host: 0.0/s
Cluster: 0.0/s

Active 0 Max Active 0
Queued 0 Executions 0
Pool Size 10 Queue Size 5

图5-9　单击【Monitor Stream】按钮反馈信息

此时如果通过另一个浏览器访问 http://localhost:8030/findOrdersByUser/1，并且不断地刷新地址，那么图 5-9 页面中将显示如图 5-10 所示的数据信息。

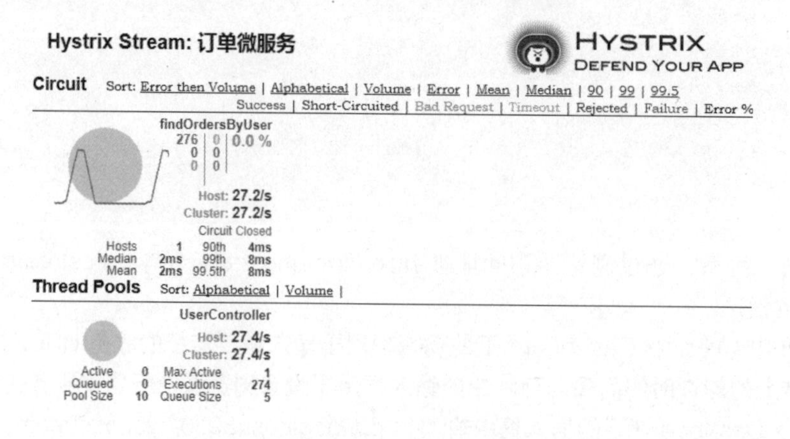

图5-10　更换浏览器后的反馈信息

关于图 5-10 中各个指标的含义，在 Hystrix Dashboard Wiki 上已经给出了详细说明，读者可访问地址 https://github.com/Netflix/Hystrix/wiki/Dashboard 查看。

5.2 API 网关服务

5.2.1 为什么需要 API 网关

通过前面内容的学习，我们已经可以构建一个简单的微服务架构系统。这个系统可以使用 Spring Boot 实现微服务的开发，使用 Spring Cloud Eureka 实现注册中心以及服务的注册与发现，使用 Spring Cloud Ribbon 实现服务间的负载均衡，使用 Spring Cloud Hystrix 实现线程的隔离和断路器功能。通过这些技术，可以设计出如图 5-11 所示的基础架构。

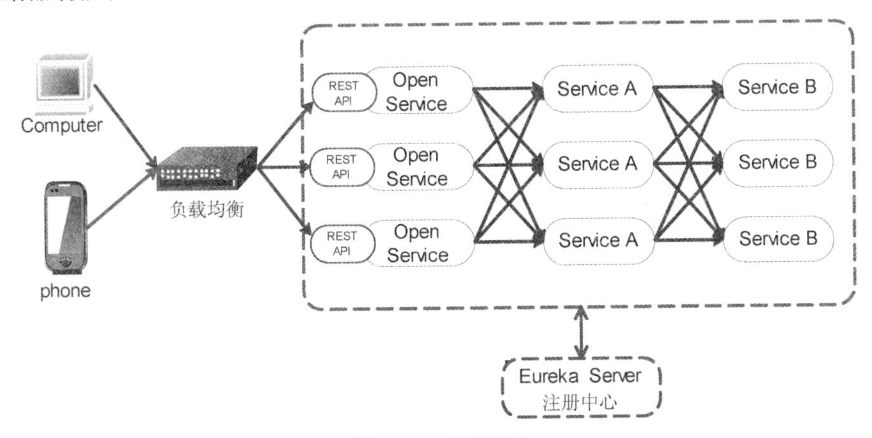

图5-11 基础架构

在图 5-11 中，集群包含了 Service A 和 Service B 两种服务，它们会向 Eureka Server 注册和订阅服务，Open Service 是一个对外的 RESTful API 服务，客户端会通过负载均衡技术（如 Nginx）实现对 Open Service 的调用，同时服务之间也会通过 Ribbon 技术实现服务之间负载均衡的调用。

虽然通过这种方式实现系统功能是没有问题的，但在实际使用时，客户端与微服务进行直接的交互还是存在着一些困难和限制的，具体表现如下。

1. 增加开发和维护成本

在大多数情况下，为了保证对外服务的安全性，开发人员在服务端实现的服务接口会有一定的权限校验机制（如用户登录状态校验等），并且为了防止客户端在发起请求时被篡改等安全方面的考虑，还会编写一些签名校验功能。在微服务中，我们会将原来处于一个应用中的多个模块拆分成多个应用服务，而这些拆分出来的应用服务接口也需要原来的校验逻辑，这就导致我们不得不在这些应用中全部实现这样的一套逻辑。随着微服务规模的不断扩大，这些校验逻辑的冗余将越来越多，一旦校验规则有了变化或者出了问题，我们将不得不去每一个应用中修改这些逻辑。

2. 微服务重构困难

随着时间的推移，我们可能需要改变系统服务目前的拆分方案（如将两个服务合并或将一个服务拆分为多个），但如果客户端直接与微服务交互，那么这种重构就很难实施。

3. 微服务协议限制

客户端直接请求的微服务可能使用的是与Web无关的协议。一个服务可能是用Thrift的RPC协议，而另一个服务可能是用AMQP消息协议，两种协议都不是特别适合浏览器或防火墙，最好是内部使用。应用应该在防火墙外采用HTTP或者WEB Socket之类的协议。

由于上述原因，客户端直接与服务器端通信的方式几乎不会在实际应用中使用。那么我们要如何解决上面这些问题呢?

通常来说，一个很好的解决办法就是采用API Gateway（网关）的方式。API Gateway是一个服务器，也可以说是进入系统的唯一节点，它封装了内部系统的架构，并且提供了API给各个客户端。它还可以有其他功能，如授权、监控、负载均衡、缓存、请求分片和管理、静态响应处理等。

图5-12展示了一个适应当前架构的API Gateway。

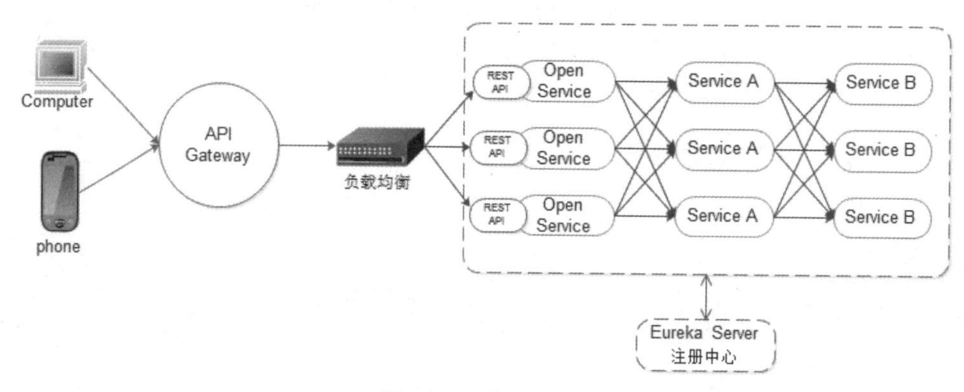

图5-12　API Gateway

在图5-12中，API Gateway负责请求转发、合成和协议转换。所有来自客户端的请求都要先经过API Gateway，然后负载均衡这些请求到对应的微服务。

API Gateway的一个最大好处是封装了应用的内部结构，与调用指定的服务相比，客户端直接跟Gateway交互会更简单。API Gateway提供给每一个客户端一个特定API，这样减少了客户端与服务器端的通信次数，也简化了客户端代码。API Gateway还可以在Web协议与内部使用的非Web协议间进行转换，如HTTP协议、WebSocket协议。

API Gateway可以有很多实现方法，如Nginx、Zuul、Node.js等。本书中使用的是Spring Cloud Netflix中的Zuul，下一小节我们将对Spring Cloud Zuul的使用进行详细讲解。

5.2.2 如何使用Zuul构建API网关服务

Zuul原是Netflix公司开发的基于JVM的路由器和服务器端负载均衡器，后来被加入到了Spring Cloud中。Zuul属于边缘服务，可以用来执行认证、动态路由、服务迁移、负载均衡、安全和动态响应处理等操作。

了解了Zuul的概念和作用后，接下来通过一个具体的应用案例来讲解如何在微服务中使用Zuul。

本案例主要涉及到3个工程，其作用分别如下。

- microservice-eureka-server工程：服务注册中心，端口为8761。

- microservice-eureka-order 工程：服务提供者，需要启动一个订单实例，其端口号为 7900。
- microservice-gateway-zuul 工程：使用 Zuul 实现的 API Gateway，端口号为 8050。

上面 3 个工程中，注册中心和服务提供者可以使用前面所创建的工程，而网关服务需要重新创建，其实现过程如下。

（1）创建工程，添加依赖。在父工程 microservice-springcloud 下创建子模块 microservice-gateway-zuul 工程，并在其 pom.xml 中添加 eureka 和 Zuul 的依赖，如文件 5-8 所示。

文件 5-8　pom.xml

```
1  <project xmlns="http://maven.apache.org/POM/4.0.0"
2           xmlns:xsi="http://www.w3.org/2001/XMLSchema-instance"
3           xsi:schemaLocation="http://maven.apache.org/POM/4.0.0
4                   http://maven.apache.org/xsd/maven-4.0.0.xsd">
5      <modelVersion>4.0.0</modelVersion>
6      <parent>
7          <groupId>com.itheima</groupId>
8          <artifactId>microservice-springcloud</artifactId>
9          <version>0.0.1-SNAPSHOT</version>
10     </parent>
11     <artifactId>microservice-gateway-zuul</artifactId>
12     <dependencies>
13         <dependency>
14             <groupId>org.springframework.cloud</groupId>
15             <artifactId>spring-cloud-starter-zuul</artifactId>
16         </dependency>
17         <dependency>
18             <groupId>org.springframework.cloud</groupId>
19             <artifactId>spring-cloud-starter-eureka</artifactId>
20         </dependency>
21     </dependencies>
22 </project>
```

（2）编辑配置文件。在配置文件中编写 Eureka 服务实例的端口号、服务端地址等信息，如文件 5-9 所示。

文件 5-9　application.yml

```
1  server:
2    port: 8050 # 指定该 Eureka 实例的端口号
3  eureka:
4    instance:
5      prefer-ip-address: true  # 是否显示主机的 IP
6    client:
7      service-url:
8        defaultZone: http://localhost:8761/eureka/  # 指定 Eureka 服务端地址
9  spring:
10   application:
11     name: microservice-gateway-zuul # 指定应用名称
12 zuul:
13   routes:
14     order-serviceId: # zuul 的唯一标识
```

```
15       path: /order/**  # 需要映射的路径
16       service-id: microservice-eureka-order  # Eureka 中的 serviceId
```

在上述配置信息中，加粗部分的配置就是 API 网关服务的路由配置。其中 order-serviceId 为 Zuul 的唯一标识，可以任意设置名称，但必须唯一，如果该值与 service-id 的名称相同时，service-id 的值可以省略。path 属性后面的值表示需要映射的路径，service-id 后面的值为 Eureka 中的 serviceId，应用在运行时，所有符合映射路径的 URL 都会被转发到 microservice-eureka-order 中。

需要注意的是，Zuul 的配置方式有很多，这里只是针对本案例实现的一种方式。如果读者想要了解更多的配置方式，可以参考官方文档中 Zuul 的配置进一步学习。

小提示

当系统中包含多个服务，而我们只想将 microservice-eureka-order 暴露给外部，其他服务（如用户服务 microservice-eureka-user）不想暴露时，可以通过 Zuul 的 ignored-services 属性来设置，该属性用于设置被忽略的服务，该配置下的服务将不会被路由。其配置方式如下：

```
zuul:
  ignored-services:  #表示被忽略的服务，该配置下的服务将不会被路由
```

（3）在工程主类 Application 中使用@EnableZuulProxy 注解开启 Zuul 的 API 网关功能，其代码如文件 5-10 所示。

文件 5-10　Application.java

```
1  package com.itheima.springcloud;
2  import org.springframework.boot.SpringApplication;
3  import org.springframework.boot.autoconfigure.SpringBootApplication;
4  import org.springframework.cloud.netflix.eureka.EnableEurekaClient;
5  import org.springframework.cloud.netflix.zuul.EnableZuulProxy;
6  @EnableZuulProxy
7  @SpringBootApplication
8  @EnableEurekaClient
9  public class Application {
10     public static void main(String[] args) {
11         SpringApplication.run(Application.class, args);
12     }
13 }
```

（4）分别启动注册中心、服务提供者和网关服务后，注册中心已注册的服务如图 5-13 所示。

Instances currently registered with Eureka

Application	AMIs	Availability Zones	Status
MICROSERVICE-EUREKA-ORDER	n/a (1)	(1)	UP (1) - itcast-10356:microservice-eureka-order:7900
MICROSERVICE-GATEWAY-ZUUL	n/a (1)	(1)	UP (1) - itcast-10356:microservice-gateway-zuul:8050

图5-13　已注册的服务

此时通过地址 http://localhost:7900/order/1 单独访问订单服务时，浏览器的显示效果如图 5-14 所示。

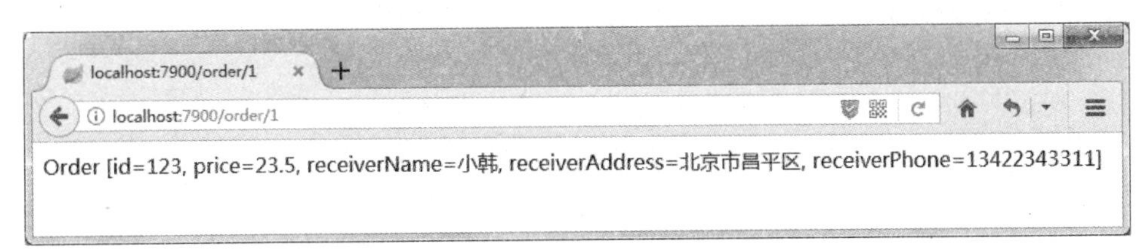

图5-14 显示效果（1）

下面通过 Zuul 来验证路由功能，通过网关服务来访问订单信息。在浏览器地址栏中输入地址 http://localhost:8050/microservice-eureka-order/order/1 后，浏览器的显示效果如图 5-15 所示。

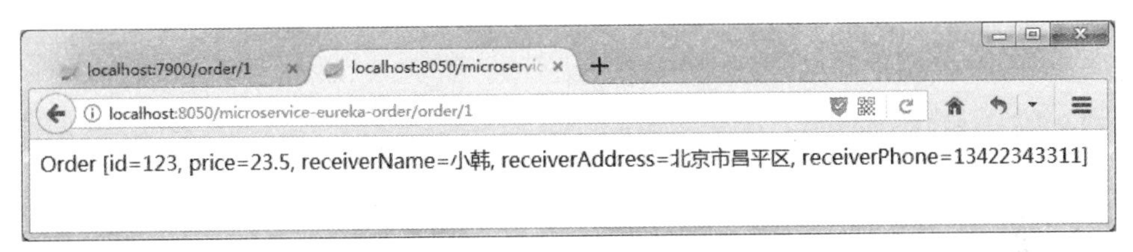

图5-15 显示效果（2）

从图 5-15 中可以看出，浏览器已经显示出来所要访问的订单信息。这说明使用 Zuul 配置的路由功能已经生效，通过服务 ID 映射的方式已可以进行跳转。

多学一招：Zuul 的单独使用

上面的示例中，我们是将 Spring Cloud Zuul 与 Spring Cloud Eureka 整合在一起使用的，此种方式可以让路由映射到具体服务。除此之外，Zuul 还可以不依赖 Eureka 而单独使用。

将 microservice-gateway-zuul 工程中所有 Eureka 相关的信息删除，并将配置文件中的 Zuul 内容修改为传统路由的形式，如文件 5-11 所示。

文件 5-11 application.yml

```
1  server:
2    port: 8050 # 指定该Eureka实例的端口号
3  spring:
4    application:
5      name: microservice-gateway-zuul # 指定应用名称
6  zuul:
7    routes:
8      order-url:
9        path: /order-url/**
10       url: http://localhost:7900/
```

order-url 为 Zuul 的唯一标识，可以任意设置名称，但必须唯一。Path 属性用于设置需要映射的路径，而 url 的属性值为 path 路由到的地址。也就是说，如果访问的路径为 http://localhost:8050/order-url/**，那么该路径就会被路由到 http://localhost:7900/上。

启动工程，在浏览器地址栏中访问 http://localhost:8050/order-url/order/1，此时浏览器同样可以显示出订单信息，其效果如图 5-16 所示。

图5-16 订单信息

虽然单独使用 Zuul 也可以实现网关的路由功能，但在实际应用中并不推荐使用。因为此种方式需要运维人员花费大量时间来维护各个路由的 path 与 url 的关系，而与 Eureka 整合的方式中，路由的 path 不再是映射到具体的 url，而是映射到了具体的服务上，具体的 url 会交由 Eureka 来维护管理，显然使用与 Eureka 整合的方式更加得方便和实用。这里 Zuul 的单独使用读者作为了解即可。

5.3 分布式配置管理

5.3.1 Spring Cloud Config 简介

在传统的单体式应用系统中，我们通常会将配置文件和代码放在一起，但随着系统越来越大，需要实现的功能越来越多时，我们又不得不将系统升级为分布式系统，同时也会将系统的功能进行更加细化的拆分。拆分后，所有的服务应用都会有自己的配置文件，当需要修改某个服务的配置时，我们可能需要修改很多处，并且为了某一项配置的修改，可能需要重启这个服务相关的所有服务，这显然是非常麻烦的。

为了便于集中配置的统一管理，在分布式架构中通常会使用分布式配置中心组件，目前比较流行的分布式配置中心组件有百度的 disconf、阿里的 diamond、携程的 apollo 和 Spring Cloud 的 Config 等。相对于同类产品而言，Spring Cloud Config 最大的优势就是和 Spring 的无缝集成，对于已有的 Spring 应用程序的迁移成本非常低，结合 Spring Boot 可使项目有更加统一的标准（包括依赖版本和约束规范），避免了因集成不同开发软件造成的版本依赖冲突等问题。本书中的所讲解的分布式配置中心组件就是 Spring Cloud Config。

Spring Cloud Config 是 Spring Cloud 团队创建的一个全新的项目，该项目主要用来为分布式系统中的外部配置提供服务器（Config Server）和客户端（Config Client）支持。

- 服务器端（Config Server）：也被称之为分布式配置中心，它是一个独立的微服务应用，主要用于集中管理应用程序各个环境下的配置，默认使用 Git 存储配置文件内容，也可以使用 SVN 存储，或者是本地文件存储。
- 客户端（Config Client）：是 Config Server 的客户端，即微服务架构中的各个微服务应用。它们通过指定的配置中心（Config Server）来管理应用资源以及与业务相关的配置内容，并在启动时从配置中心获取和加载配置信息。

Spring Cloud Config 的工作流程如图 5-17 所示。

在图 5-17 中，用户会先将配置文件推送到 Git 或 SVN 中，然后在微服务应用(Config Client）启动时，会从配置中心（Config Server）中获取配置信息，而配置中心会根据配置从 Git 或 SVN 中获取相应的配置信息。

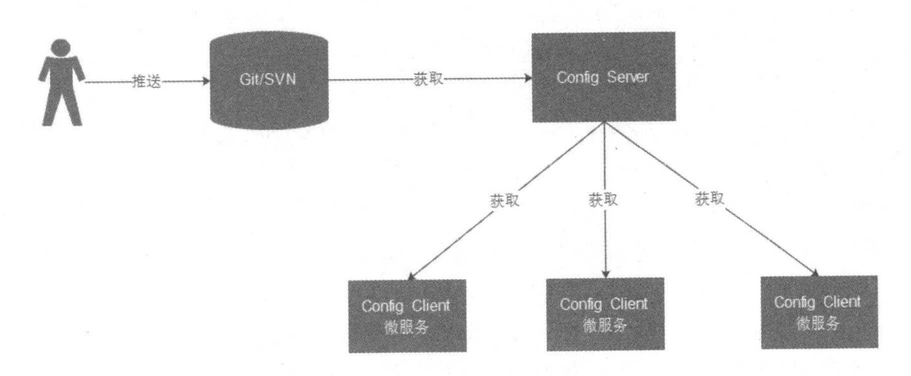

图5-17 Spring Cloud Config的工作流程

5.3.2 使用本地存储的方式实现配置管理

通过上一小节的学习，我们已经知道 Spring Cloud Config 支持本地、Git 和 SVN 的存储方式。接下来本小节将以本地存储方式为例，讲解 Spring Cloud Config 的使用。

1. 搭建 Config Server

（1）创建配置中心工程 microservice-config-server，并在其 pom.xml 中引入 Config Server 的依赖，如文件 5-12 所示。

文件 5-12 pom.xml

```
1  <project xmlns="http://maven.apache.org/POM/4.0.0"
2           xmlns:xsi="http://www.w3.org/2001/XMLSchema-instance"
3           xsi:schemaLocation="http://maven.apache.org/POM/4.0.0
4                    http://maven.apache.org/xsd/maven-4.0.0.xsd">
5      <modelVersion>4.0.0</modelVersion>
6      <parent>
7          <groupId>com.itheima</groupId>
8          <artifactId>microservice-springcloud</artifactId>
9          <version>0.0.1-SNAPSHOT</version>
10     </parent>
11     <artifactId>microservice-config-server</artifactId>
12     <dependencies>
13         <dependency>
14             <groupId>org.springframework.cloud</groupId>
15             <artifactId>spring-cloud-config-server</artifactId>
16         </dependency>
17     </dependencies>
18 </project>
```

（2）编写配置文件 application.yml，添加服务端口号和存储属性等信息，如文件 5-13 所示。

文件 5-13 application.yml

```
1 spring:
2   application:
3     name: microservice-config-server
```

```
4    profiles:
5      active: native   # 使用本地文件系统的存储方式来保存配置信息
6  server:
7    port: 8888
```

（3）在 src/main/resources 目录下创建 3 个分别用于表示开发、预发布和测试的资源配置文件，并在文件中编写如下内容。

- application-dev.yml 中编写内容：clientParam: native-dev-1.0
- application-prod.yml 中编写内容：clientParam: native-prod-1.0
- application-test.yml 中编写内容：clientParam: native-test-1.0

上述资源文件是按照"应用名+环境名+格式"的规范来命名的，其常见文件的命名方式如下：

```
/{application}/{profile}[/{label}]
/{application}-{profile}.yml
/{label}/{application}-{profile}.yml
/{application}-{profile}.properties
/{label}/{application}-{profile}.properties
```

其中 application 表示的是应用名称，profile 表示变化的文件，而 label 是可选的，表示 Git 的分支，默认是 master。

（4）创建启动类，并在类上增加@EnableConfigServer 注解以开启服务端功能，如文件 5-14 所示。

文件 5-14　Application.java

```
1  package com.itheima.springboot;
2  import org.springframework.boot.SpringApplication;
3  import org.springframework.boot.autoconfigure.SpringBootApplication;
4  import org.springframework.cloud.config.server.EnableConfigServer;
5  @EnableConfigServer
6  @SpringBootApplication
7  public class Application {
8      public static void main(String[] args) {
9          SpringApplication.run(Application.class, args);
10     }
11 }
```

（5）启动工程，测试应用。应用启动成功后，按照如下格式的 URL 发起请求：

```
http://localhost:8888/{applicationname}/{env}/{label}
```

本应用中的访问地址为 http://localhost:8888/microservice-config-server/dev，浏览器的显示效果如图 5-18 所示。

从图 5-18 中可以看出，浏览器中的 JSON 信息显示出了应用名 microservice-config-server、环境名 dev，以及资源文件路径和文件内容等信息。

除此之外，我们也可以直接访问资源文件，来查看资源文件内的配置信息。通过浏览器访问地址 http://localhost:8888/application-dev.yml，其显示效果如图 5-19 所示。

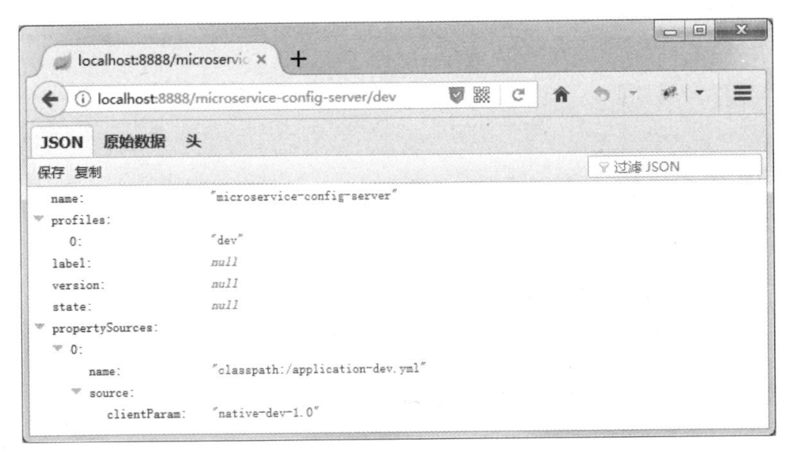

图5-18 JSON信息

图5-19 配置文件的内容

2. 搭建 Config Client

（1）创建客户端工程 microservice-config-client，并在其 pom.xml 中添加 Config 和 Web 的依赖，如文件 5-15 所示。

文件 5-15 pom.xml

```
1  <project xmlns="http://maven.apache.org/POM/4.0.0"
2          xmlns:xsi="http://www.w3.org/2001/XMLSchema-instance"
3          xsi:schemaLocation="http://maven.apache.org/POM/4.0.0
4                  http://maven.apache.org/xsd/maven-4.0.0.xsd">
5    <modelVersion>4.0.0</modelVersion>
6    <parent>
7      <groupId>com.itheima</groupId>
8      <artifactId>microservice-springcloud</artifactId>
9      <version>0.0.1-SNAPSHOT</version>
10   </parent>
11   <artifactId>microservice-config-client</artifactId>
12   <dependencies>
13     <dependency>
14         <groupId>org.springframework.cloud</groupId>
15         <artifactId>spring-cloud-starter-config</artifactId>
16     </dependency>
17     <dependency>
18         <groupId>org.springframework.boot</groupId>
19         <artifactId>spring-boot-starter-web</artifactId>
20     </dependency>
21   </dependencies>
22 </project>
```

（2）编写配置文件 bootstrap.yml，在其中配置应用名称、服务中心地址、需要访问的文件和端口号等信息，如文件 5-16 所示。

文件 5-16　bootstrap.yml

```
1  spring:
2    application:
3      name: microservice-config-client
4    cloud:
5      config:
6        profile: prod # 配置服务中的{profile}
7        uri: http://localhost:8888/  # 配置中心的地址
8  server:
9    port: 8801
```

需要注意的是，上述配置文件的名称必须为 bootstrap.yml 或 bootstrap.properties，只有这样配置中心才能够正常加载（虽然 application.yml 也可以被 Spring Boot 加载，但是 bootstrap.yml 会优先加载）。

（3）创建启动类，并在类上添加@RestController 注解，编辑后如文件 5-17 所示。

文件 5-17　Application.java

```
1  package com.itheima.springboot;
2  import org.springframework.beans.factory.annotation.Value;
3  import org.springframework.boot.SpringApplication;
4  import org.springframework.boot.autoconfigure.SpringBootApplication;
5  import org.springframework.web.bind.annotation.RequestMapping;
6  import org.springframework.web.bind.annotation.RestController;
7  @SpringBootApplication
8  @RestController
9  public class Application {
10     @Value("${clientParam}")
11     private String clientParam;
12     @RequestMapping("/clientParam")
13     public String getParam(){
14         return this.clientParam;
15     }
16    @RequestMapping("/hello")
17    public String hello(){
18        return "hello world";
19    }
20     public static void main(String[] args) {
21         SpringApplication.run(Application.class, args);
22     }
23 }
```

（4）启动工程，测试应用。应用启动成功后，可以通过地址 http://localhost:8801/hello 测试应用是否能够正常访问，其显示效果如图 5-20 所示。

此时通过浏览器访问地址 http://localhost:8801/clientParam，即可获取配置文件中的信息，如图 5-21 所示。

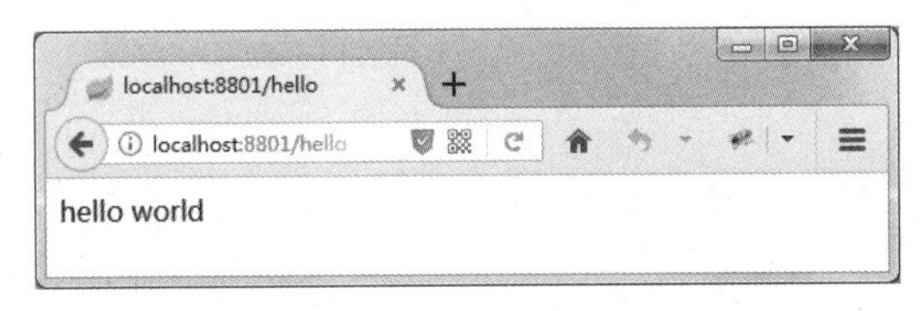

图5-20 测试效果

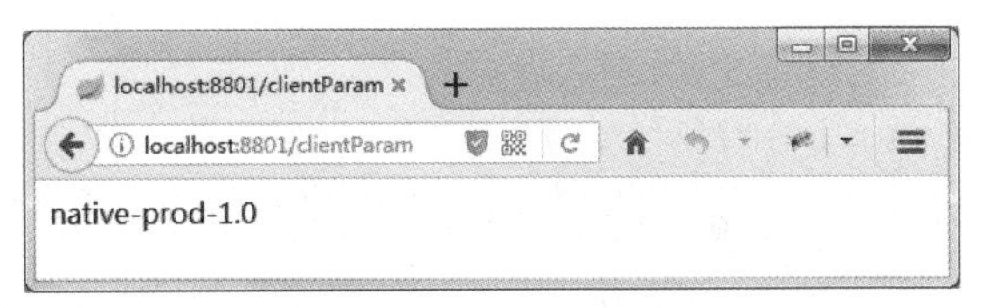

图5-21 配置文件中的信息

从图 5-21 中可以看到，已成功访问到了预发布环境的配置文件信息。当我们需要访问其他配置文件的信息时，只需修改 bootstrap.yml 中的 profile 的属性值即可。

5.3.3 使用 Git 存储的方式实现配置管理

Spring Cloud Config 的服务端默认采用的是 Git 配置仓库，通过 Git 可以非常方便地使用各种第三方工具来对其内容进行更新管理和版本控制，并且 Git 仓库的 Webhooks 功能还可以实时地监控配置内容的修改，所以使用 Git 存储的方式是十分方便的。

掌握了本地存储方式的使用后，Git 存储方式的使用就很容易掌握了。下面我们同样以上一小节的案例为例，来讲解如何通过 Spring Cloud Config 的客户端从服务端获取 Git 仓库中不同版本配置信息。

（1）配置 Git。在 Git 上创建 microservice-study-config 目录，并在目录中增加开发、预发布和测试的配置文件，分别编辑三个文件中的内容如下：

- application-dev.yml 中编写内容：clientParam: git-dev-1.0
- application-prod.yml 中编写内容：clientParam: git-prod-1.0
- application-test.yml 中编写内容：clientParam: git-test-1.0

（2）修改服务端配置文件。将 microservice-config-server 工程的配置文件中本地文件存储方式的配置删除（或注释），并添加 git 的配置信息，如文件 5-18 所示。

文件 5-18 application.yml

```
1  spring:
2    application:
3      name: microservice-config-server
4    cloud:
5      config:
6        server:
7          git: # 使用 git 的方式
8            uri: https://gitee.com/secret8/microservice-study-config.git
9  server:
10   port: 8888
```

在上述配置中，spring.cloud.config.server.git.uri 属性用来指定 Git 仓库的网络地址。由于这里配置的是公共仓库，所以不需要填写用户名和密码信息。如果是私有仓库，则需要填写账号信息，此时可以在 git 属性下增加 username 和 password 属性。

（3）修改客户端配置文件。在 microservice-config-client 工程的配置文件中添加属性 label，并将其属性值设置为 master（label 属性表示 Git 中的分支，其属性默认值为 master），编辑后如文件 5-19 所示。

文件 5-19 bootstrap.yml

```
1  spring:
2    application:
3      name: microservice-config-client
4    cloud:
5      config:
6        profile: prod # 配置服务中的{profile}
7        label: master # 对应git 中的分支，默认为master
8        uri: http://localhost:8888/  # 配置中心的地址
9  server:
10   port: 8801
```

（4）启动工程，测试应用。分别启动 Spring Cloud Config 的服务端和客户端工程，通过访问地址 http://localhost:8801/clientParam，发现已经可以获取 Git 中的配置信息了，如图 5-22 所示。

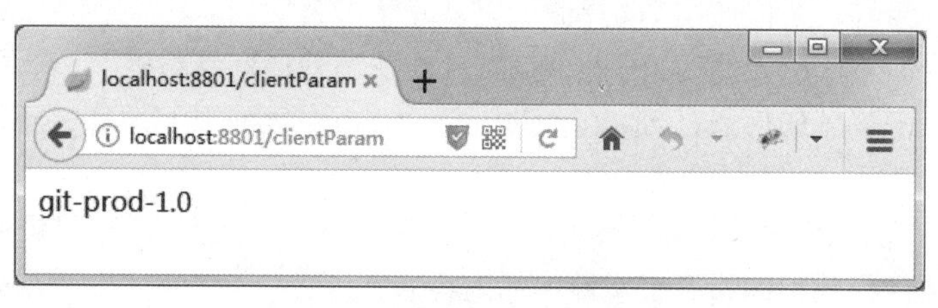

图5-22 Git仓库中的配置文件信息

多学一招：手动更新运行中的配置文件

在实际项目应用中，我们可能需要对配置文件的内容做一些修改，而要想使修改的配置文件生效，通常做法是将应用重启。此种方式对于小型应用，以及使用人数不多的应用来说比较适用，但是对于大型企业和互联网应用来说，重启应用是行不通的。这也就要求运维人员在修改完应用的配置后，要保证配置及时生效。Spring Cloud Config 正好提供了这种功能，我们可以在客户端用 POST 请求 refresh 方法来刷新配置内容。

以上一小节的案例为例，要实现配置文件的实时更新，需要执行以下几步。

（1）在客户端的 pom.xml 中添加依赖 spring-boot-starter-actuator。该依赖可以监控程序在运行时的状态，其中包括/refresh 的功能。pom.xml 中添加的依赖信息如下：

```
<dependency>
    <groupId>org.springframework.boot</groupId>
    <artifactId>spring-boot-starter-actuator</artifactId>
</dependency>
```

（2）在启动类上添加@RefreshScope 注解，开启 refresh 机制。添加此注解后，在执行/refresh 时会更新该注解标注类下的所有变量值，包括 Config Client 从 Git 仓库中所获取的配置。

（3）在配置文件中将安全认证信息的 enabled 属性设置为 false，其代码如下：

```
management:
  security:
    enabled: false # 是否开启actuator 安全认证
```

执行完上述 3 步后，下面来检测应用是否可以实现更新运行中的配置文件。启动应用并访问 http://localhost:8801/clientParam，此时浏览器的显示效果如图 5-21 所示。此时修改 Git 中的配置文件 application-prod.yml，将其内容 clientParam: git-prod-1.0，修改为 clientParam: git-prod-2.0 后，再次通过浏览器访问上述地址，会发现浏览器的内容并没有变化，但通过地址 http://localhost:8888/application/prod 访问时，会发现服务器端已经获取到了 Git 中的更新配置信息，如图 5-23 所示。

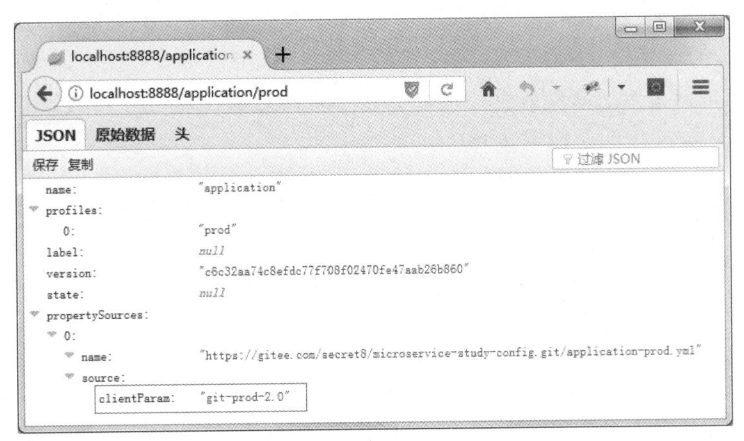

图5-23 更新配置信息

使用 POST 请求访问地址 http://localhost:8801/refresh 后（本书中使用的是火狐插件 RESTClient），我们将看到请求的状态等信息，如图 5-24 所示。

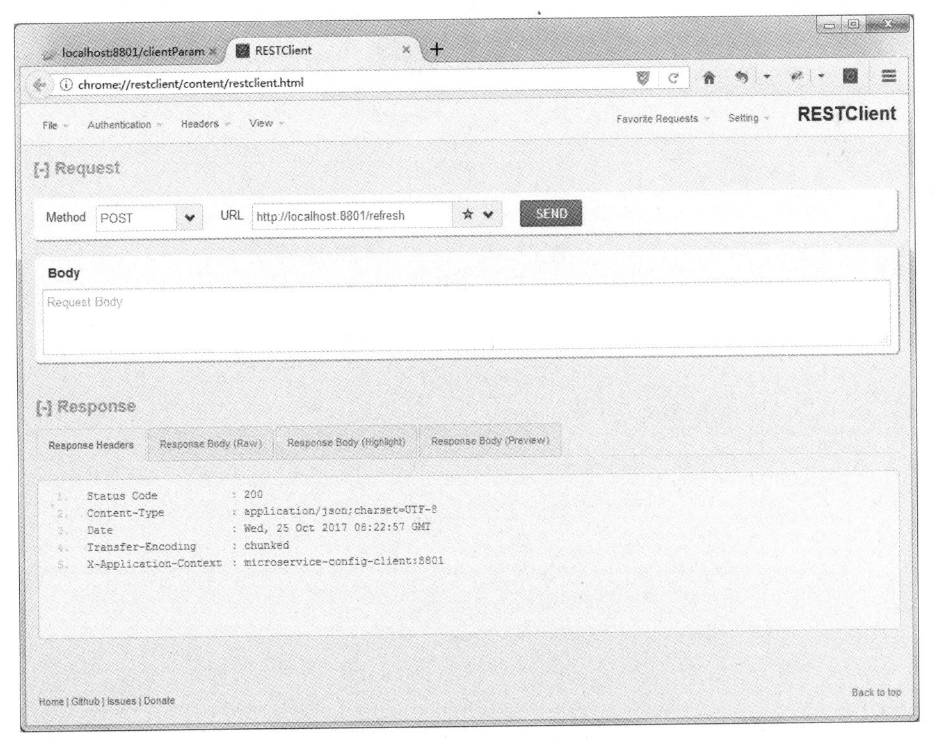

图5-24 请求的状态等信息

此时再次通过浏览器访问 http://localhost:8801/clientParam 时，浏览器的显示效果如图 5-25 所示。

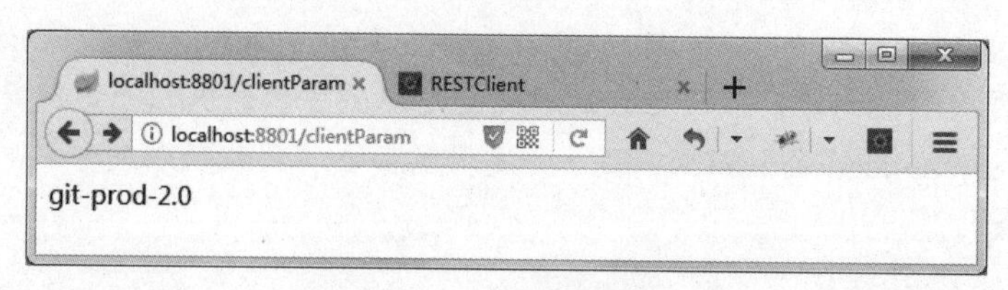

图5-25　配置文件内容

从图 5-25 中可以看到，浏览器中已成功显示了更新后的配置文件内容，这也就说明我们已成功实现了手动更新运行中的配置文件。

5.4 本章小结

本章主要讲解了 Spring Cloud 中的服务容错保护、API 网关服务，以及分布式配置管理的使用知识，至此，本书中关于 Spring Cloud 的内容就全部讲解完成。虽然书中所涉及的组件并不是 Spring Cloud 中的所有组件，但学习完本章后，读者已经可以搭建一个比较完整微服务架构了。至于其他组件，要根据项目的实际需求，看是否需要选用。有兴趣的读者可以自行根据 Spring Cloud 的官方文档学习。

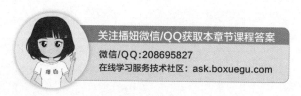

6 Chapter

第6章 初识 Docker

学习目标

- 掌握 Docker 的安装方式
- 掌握 Docker 的运行机制

在前面几个章节已经对微服务架构以及 Spring Boot 和 Spring Cloud 框架分别进行了讲解，而微服务架构总体讲究的是面向服务快速开发和快速部署。使用 Spring Boot 框架可以有效地完成快速开发任务，那么怎样才能更好地完成快速部署任务呢？本章开始，将针对当前比较流行的一个虚拟化封装部署工具 Docker 进行讲解。

6.1 Docker 概述

6.1.1 什么是 Docker

Docker 是一个开源的应用容器引擎，它基于 go 语言开发，并遵从 Apache2.0 开源协议。使用 Docker 可以让开发者封装他们的应用以及依赖包到一个可移植的容器中，然后发布到任意的 Linux 机器上，也可以实现虚拟化。Docker 容器完全使用沙箱机制，相互之间不会有任何接口，这保证了容器之间的安全性。

Docker 诞生于 2013 年初，目前有两个版本，Community Edition（CE，社区版）和 Enterprise Edition（EE，企业版）。其中 Docker 社区版是免费开源的，对于个人和小团队来说是比较理想的选择；Docker 企业版则是收费的，是专门为企业和大型 IT 团队提供的，用于要求比较严格的商业应用中。

对于初学者而言，使用 Docker 社区版就足以满足需求，所以本书将针对 Docker 社区版的使用进行讲解。

6.1.2 Docker 的特点

在学习一项技术时，了解该技术的特点才能更好地实际运用。Docker 作为当前主流的一个开源容器引擎，其主要特点如下。

1. 更快速的交付和部署

开发者可以使用一个标准的 Docker 镜像来构建一套开发容器，开发完成之后，运维人员可以直接使用这个容器来部署代码。Docker 可以快速创建容器以及快速迭代应用程序，并让整个过程全程可见，使团队中的其他成员更容易理解应用程序是如何创建和工作的。Docker 容器轻，且启动速度快，可以大量地节约开发、测试和部署的时间。

2. 更高效的虚拟化

Docker 容器在运行时，不需要额外的虚拟机程序的支持。由于它是内核级的虚拟化，所以可以实现更高的性能和效率。

3. 更轻松的迁移和扩展

Docker 容器几乎可以在任意的平台上运行，包括物理机、虚拟机、公有云、私有云、个人计算机和服务器等。这种良好的兼容性可以让用户把一个应用程序从一个平台直接迁移到另外一个平台，十分有利于应用的迁移和扩展。

4. 更简单的管理

使用 Docker，只需要小小的修改，就可以替代以往大量的更新工作。所有的修改都以增量的方式被分发和更新，从而实现自动化并且高效的管理。

除上述几个特点外，Docker 还具有实现逻辑分离、适合与面向服务的架构配合使用等特点，这里就不做具体说明了，读者在学习过程中可以深入体会。

6.1.3 Docker 与虚拟机的区别

了解了 Docker 的概念和特点后，相信很多人对 Docker 与虚拟机的区别会产生疑惑，那么它们到底有什么不同呢？下面通过一张对比图来说明两者的主要区别，如图 6–1 所示。

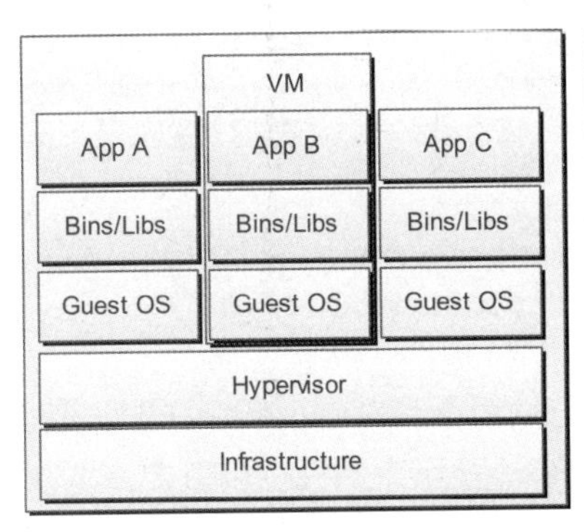

(a) 虚拟机

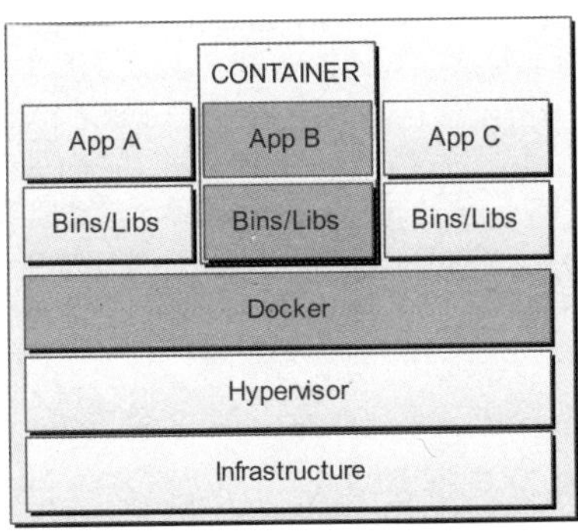

(b) Docker

图6–1 Docker与虚拟机对比

从图 6–1 的对比中可以看出，虚拟机是运行在每个应用层级的客户端操作系统上的，这是资源密集型的。由于产生的磁盘镜像和应用程序的操作系统设置相互交叉，所以导致虚拟机对系统的依赖性很强，一旦系统出现问题，虚拟机依赖的文件以及安全补丁等都可能会出现文件丢失的情况。

Docker 中的容器是基于进程的隔离，多个容器可以共享单个内核，并且创建 Docker 容器的镜像所需要的配置并不依赖于宿主机系统。正是因为容器之间配置的隔离性，容器之间就没有配置交叉，所以 Docker 的应用可以运行在任何地方。

6.2 Docker 的安装要求

Docker 支持在多种平台上使用，包括 Mac、Windows、Cloud 以及 Linux 系统等。由于 Docker 是基于 Ubuntu 发布的，所以官方更推荐在 Ubuntu 上使用 Docker，开发者也可以根据自己的实际开发环境选择合适的开发平台。

Docker 的安装并非想象中那么随意，在不同的平台上安装 Docker 必须满足不同的先决条件。由于本书选择在 Ubuntu16.04 版本上使用 Docker，因此这里只针对 Ubuntu 系统上的 Docker 安装要求进行说明。

根据 Docker 官网上的安装说明，想要在 Ubuntu 上安装 Docker 需要满足两点要求，一是 Ubuntu 的版本支持，二是 Ubuntu 的内核支持，具体如下。

1. Ubuntu 的版本支持

- Ubuntu Trusty 14.04 (LTS)
- Ubuntu Xenial 16.04 (LTS)
- Ubuntu Zesty 17.04
- 其他更高的版本

2. Ubuntu 的内核支持

Docker 需要在 64 位版本的 Ubuntu 上安装。此外，还需要保证 Ubuntu 的内核版本不低于 3.10（可以通过 uname -r 命令查看），其中 3.10 版本和更新维护版也是可以使用的，在低于 3.10 版本的内核上运行 Docker 会丢失一部分功能。

上述版本和内核要求是对 Docker 全面支持的，也有一些开发者的版本或者系统无法满足条件，可以参考网上一些方法进行额外配置，达到满足 Docker 使用的需求，当然这种方法是不推荐的。

6.3 Docker 的安装方式

在 Linux 系统上安装 Docker 有 3 种方式，分别为在线安装、离线安装以及脚本文件安装，其中最常用也是官方推荐的安装方式就是在线安装。接下来的几个小节中，将在 Ubuntu16.04 系统上分别针对这 3 种安装方式进行详细讲解。

6.3.1 在线安装

由于在线安装方式比较容易，且后期升级维护相对方便，所以对于大多数开发者而言，通常会选择在线安装 Docker。这种安装方式需要先设置一个 Docker 仓库，然后通过该仓库进行安装和后续更新。

在线安装方式的具体实现步骤如下。

1. 设置 Docker 仓库

在新的主机上初次安装 Docker CE 之前，必须先设置 Docker 存储库，其步骤如下。

（1）更新 apt 的索引包。

```
$ sudo apt-get update
```

需要注意的是，在执行 apt 更新完成后，终端可能会返回如“Problem executing scripts APT::Update::Post-Invoke-Success 'if /usr/bin/test -w /var/cache/app-info -a -e /usr/bin/appstreamcli; then appstreamcli refresh > /dev/null; fi'”的子流程错误信息，这个错误是在 Ubuntu16.04 系统下更新 apt 时内部出现的问题，并不影响后续 Docker 的安装和使用，所以这个问题可以直接忽略。

（2）安装软件包允许 apt 通过 HTTPS 方式使用 Docker 仓库。

```
$ sudo apt-get install \
    apt-transport-https \
    ca-certificates \
    curl \
    software-properties-common
```

（3）添加 Docker 官网的 GPG key。

```
$ curl -fsSL https://download.docker.com/linux/ubuntu/gpg | sudo apt-key add -
```

（4）添加 Docker 稳定的仓库源（根据 Ubuntu 镜像版本的不同进行选择安装）。

amd64：

```
$ sudo add-apt-repository \
  "deb [arch=amd64] https://download.docker.com/linux/ubuntu \
  $(lsb_release -cs) \
  stable"
```

armhf：

```
$ sudo add-apt-repository \
  "deb [arch=armhf] https://download.docker.com/linux/ubuntu \
  $(lsb_release -cs) \
  stable"
```

s390x:

```
$ sudo add-apt-repository \
  "deb [arch=s390x] https://download.docker.com/linux/ubuntu \
  $(lsb_release -cs) \
  stable"
```

2. 安装 Docker CE

设置好 Docker 仓库之后，就可以从存储库中安装和更新 Docker，其实现步骤如下。

（1）更新 apt 的索引包。

```
$ sudo apt-get update
```

（2）安装不同版本的 Docker。在安装 Docker 时，通常会根据个人情况选择安装不同的版本。为此，Docker 提供了两种安装方式，一是安装默认的最新版本的 Docker，二是安装指定版本的 Docker，具体如下。

- 安装最新版本的 Docker，具体指令如下。

```
$ sudo apt-get install docker-ce
```

需要注意的是，执行上述指令后，之前存在的任何版本的 Docker 都会被替换。

- 安装指定版本的 Docker，具体指令如下。

```
$ sudo apt-get install docker-ce=<VERSION>
```

从上述指令可以看出，安装指定版本的 Docker 时，需要通过“=”将版本字符串附加到安装包后。

为了更好地选择指定版本的 Docker，可以使用 apt-cache madison 指令查看 Docker 仓库中的 Docker 版本信息，具体指令如下。

```
$ apt-cache madison docker-ce
```

执行上述指令后，就会显示出当前 Docker 仓库提供的在线的 Docker 的版本信息，具体效果如图 6-2 所示。

图 6-2 列表中的内容依赖于启用的存储库，其中第二列是版本字符串，第三列是存储库名称，用于指示安装包来自哪个存储库。

（3）安装完成后，可以使用 sudo docker run hello-world 指令运行测试，具体指令如下。

```
$ sudo docker run hello-world
```

```
shitou@shitou-virtual-machine: ~
文件(F) 编辑(E) 查看(V) 搜索(S) 终端(T) 帮助(H)
shitou@shitou-virtual-machine:~$ apt-cache madison docker-ce
 docker-ce | 17.09.0~ce-0~ubuntu | https://download.docker.com/linux/ubuntu xenial/stable amd64 Packages
 docker-ce | 17.06.2~ce-0~ubuntu | https://download.docker.com/linux/ubuntu xenial/stable amd64 Packages
 docker-ce | 17.06.1~ce-0~ubuntu | https://download.docker.com/linux/ubuntu xenial/stable amd64 Packages
 docker-ce | 17.06.0~ce-0~ubuntu | https://download.docker.com/linux/ubuntu xenial/stable amd64 Packages
 docker-ce | 17.03.2~ce-0~ubuntu-xenial | https://download.docker.com/linux/ubuntu xenial/stable amd64 Packages
 docker-ce | 17.03.1~ce-0~ubuntu-xenial | https://download.docker.com/linux/ubuntu xenial/stable amd64 Packages
 docker-ce | 17.03.0~ce-0~ubuntu-xenial | https://download.docker.com/linux/ubuntu xenial/stable amd64 Packages
shitou@shitou-virtual-machine:~$
```

图6-2　Docker版本信息

执行完上述指令后，Docker 主机终端显示的结果信息如图 6-3 所示。

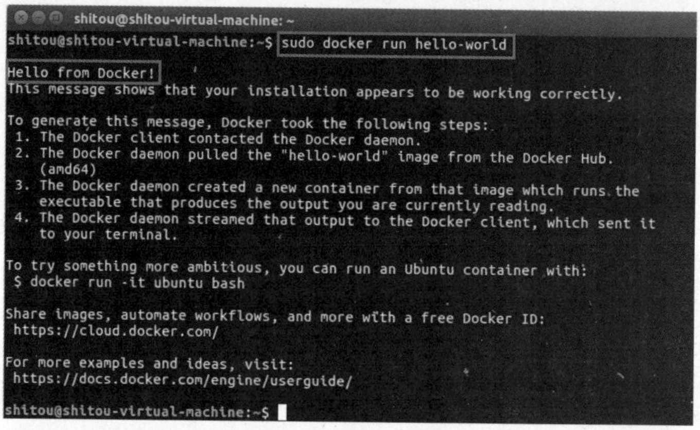

```
shitou@shitou-virtual-machine: ~
shitou@shitou-virtual-machine:~$ sudo docker run hello-world

Hello from Docker!
This message shows that your installation appears to be working correctly.

To generate this message, Docker took the following steps:
 1. The Docker client contacted the Docker daemon.
 2. The Docker daemon pulled the "hello-world" image from the Docker Hub.
    (amd64)
 3. The Docker daemon created a new container from that image which runs the
    executable that produces the output you are currently reading.
 4. The Docker daemon streamed that output to the Docker client, which sent it
    to your terminal.

To try something more ambitious, you can run an Ubuntu container with:
 $ docker run -it ubuntu bash

Share images, automate workflows, and more with a free Docker ID:
 https://cloud.docker.com/

For more examples and ideas, visit:
 https://docs.docker.com/engine/userguide/

shitou@shitou-virtual-machine:~$
```

图6-3　Docker测试效果图

从图 6-3 可以看出，通过 docker run 指令运行了一个名为 hello-world 的镜像后，打印出了“hello from Docker!”语句，这也就说明 Docker 安装成功。

本书是以 17.09 版本的 Docker 进行演示说明的，因此，建议读者也安装此版本的 Docker 进行学习。

6.3.2　离线安装

在没有网络或者网络条件较差的情况下，我们可以选择离线安装 Docker（使用 DEB 格式的安装文件）。这种安装方式的好处是不依赖于网络，但其缺点是后期使用时需要手动升级和维护，并且每次升级时都需要下载一个新的.deb 文件。

离线安装方式的具体实现步骤如下。

1．下载离线安装文件

通过官方提供的地址 https://download.docker.com/linux/ubuntu/dists/，下载安装 Docker 的.deb 文件，访问该地址后的效果如图 6-4 所示。

在图 6-4 中，需要选择自己机器所对应的 Ubuntu 版本。由于本书使用的是 Ubuntu Xenial 16.04 （LTS）版本，所以要单击图中的 xenial 链接并进入到 pool/stable/目录下，然后根据情况选择 amd64、armhf 或者 s390x 版本的.deb 文件，如图 6-5 所示。

2．使用离线文件安装 Docker

通过下载的.deb 文件进行 Docker 离线安装非常简单，只需要在 Ubuntu 系统的终端中执行如下指令。

```
$ sudo dpkg -i /path/to/package.deb
```

需要注意的是，使用 sudo dpkg –i 指令安装 Docker 时，一定要指定读者下载的.deb 文件所在地址，例如上面指令表示执行/path/to/路径下的 package.deb 文件。

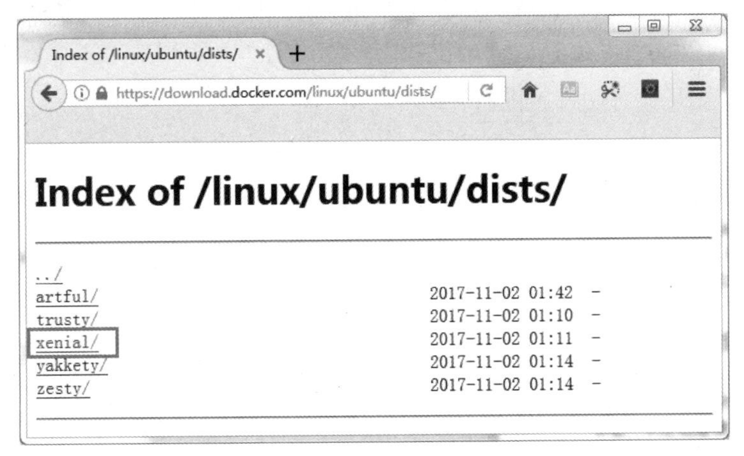

图6–4　Docker的离线安装文件地址

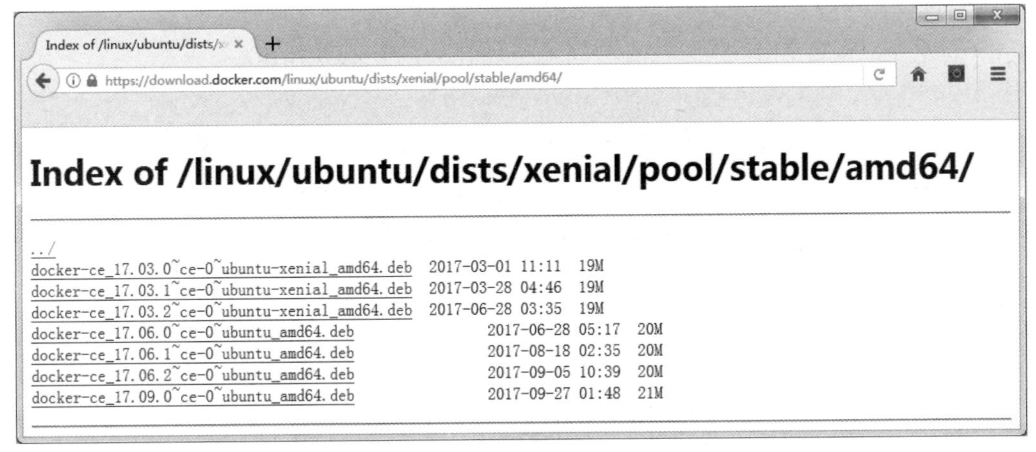

图6–5　Docker的离线安装文件下载目录

6.3.3　脚本文件安装

在开发和测试环境下，我们还可以使用 Docker 官方提供的自动化脚本文件来安装 Docker，其中开发环境和测试环境下的脚本文件下载地址分别为 https://get.docker.com/ 和 https://test.docker.com/。

需要注意的是，这种安装方式是针对某些特定环境提供的，虽然使用此种方式可以快速地在非交互式的开发环境中安装稳定开发版本和测试版本的 Docker CE，但是在实际环境下不推荐使用脚本文件来安装 Docker，所以这里对于脚本文件的 Docker 安装就不做具体介绍了，有兴趣的读者可以查看官网介绍，具体参考地址为 https://docs.docker.com/engine/installation/linux/docker-ce/ubuntu/#install-using-the-convenience-script。

多学一招：Docker 的开机启动和添加当前用户可执行权限

在 Docker 安装完成后，开发者可以根据实际需求进行其他一些相关设置，例如 Docker 开机启动、当前用户可执行 Docker 等，具体设置方式如下。

（1）配置 Docker 开机启动

```
$ sudo systemctl enable docker
```

（2）配置当前用户执行 Docker 权限（username 是自己的用户名）

```
$ sudo usermod -aG docker username
```

完成上述配置后，需要重启 Ubuntu 系统来查看效果。

6.3.4 安装时的问题及解决方法

通常情况下，严格按照前面几个小节的安装要求和方式进行 Docker 的安装，基本就可以正常完成 Docker 的安装，但在某些特殊情况下，安装过程可能会出现一些问题或者错误，本小节将对容易出现的几个问题给出解决方法。

1. Docker 安装连接中断

Docker 的在线安装方式需要连接外网，所以对网速有一定的要求。在某些限网环境或者用网密集的情况下，很容易出现网速过慢、中断连接的情况，如图 6-6 所示。

```
解压缩后会消耗 96.4 MB 的额外空间。
获取:1 https://download.docker.com/linux/ubuntu xenial/stable amd64 docker-ce amd64 17
错误:1 https://download.docker.com/linux/ubuntu xenial/stable amd64 docker-ce amd64 17
  Operation too slow. Less than 10 bytes/sec transferred the last 120 seconds
E: 下载 https://download.docker.com/linux/ubuntu/dists/xenial/pool/stable/amd64/docker
.deb  Operation too slow. Less than 10 bytes/sec transferred the last 120 seconds 失败

E: 有几个软件包无法下载，要不运行 apt-get update 或者加上 --fix-missing 的选项再试试?
shitou@shitou-virtual-machine:~$
```

图6-6 Docker安装连接中断

从图 6-6 可以看出，在安装时出现了网络连接速度过慢导致了下载安装失败的问题。

针对这种网速过慢的情况，建议开发者在网络畅通的情况下重新下载安装，或者使用他人提供的.deb 文件进行离线安装，当然也可以通过国内其他平台提供的 Docker 源进行下载安装。

2. Docker 更新资源失败

Docker 执行更新 apt 索引包并进行安装的过程中，可能会显示无法获取锁等异常情况，如图 6-7 所示。

```
shitou@shitou-virtual-machine: ~
shitou@shitou-virtual-machine:~$ sudo apt-get update
正在读取软件包列表... 完成
E: 无法获得锁 /var/lib/apt/lists/lock - open (11: 资源暂时不可用)
E: 无法对目录 /var/lib/apt/lists/ 加锁
shitou@shitou-virtual-machine:~$
```

图6-7 Docker更新资源失败

出现图 6-7 中问题的原因可能是由于另外一个程序（上次运行安装或更新没有正常完成）正在使用该程序，从而导致资源被锁不可用。

这种问题解决的办法其实很简单，只需要在系统终端执行以下两条指令即可。

```
$ sudo rm /var/cache/apt/archives/lock
$ sudo rm /var/lib/dpkg/lock
```

6.4 Docker 的运行机制

通过前几个小节对 Docker 概念、特点和安装等内容的学习，我们已经对 Docker 有了一定的了解，但还不清楚 Docker 是如何运行的。接下来，本节将从 Docker 的引擎与架构两个方面，对 Docker 内部的运行与管理机制进行详细讲解。

6.4.1 Docker 的引擎

Docker Engine（Docker 引擎）是 Docker 的核心部分，使用的是客户端–服务器（C/S）架构模式，其主要组成部分如图 6–8 所示。

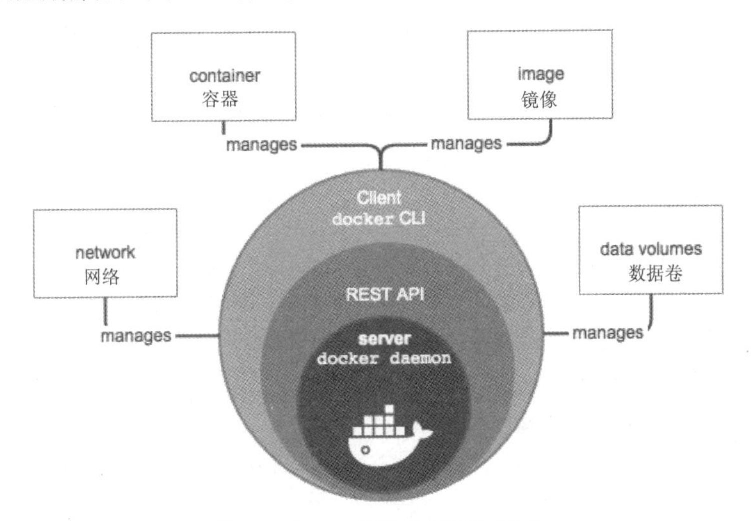

图6–8 Docker引擎的主要组成部分

从图 6–8 可以看出，Docker Engine 中包含了三个核心组件（docker CLI、REST API 和 docker daemon），这三个组件的具体说明如下。

- docker CLI（command line interface）：表示 Docker 命令行接口，开发者可以在命令行中使用 Docker 相关指令与 Docker 守护进程进行交互，从而管理诸如 image（镜像）、container（容器）、network（网络）和 data volumes（数据卷）等实体。
- REST API：表示应用程序 API 接口，开发者通过该 API 接口可以与 Docker 的守护进程进行交互，从而指示后台进行相关操作。
- docker daemon：表示 Docker 的服务端组件，它是 Docker 架构中运行在后台的一个守护进程，可以接收并处理来自命令行接口及 API 接口的指令，然后进行相应的后台操作。

对于开发者而言，既可以使用编写好的脚本文件通过 REST API 来实现与 Docker 进程交互，也可以直接使用 Docker 相关指令，通过命令行接口来与 Docker 进程交互，而其他一些 Docker 应用则是通过底层的 API 和 CLI 进行交互的。

6.4.2 Docker 的架构

了解了 Docker 内部引擎及作用后，我们还需要通过 Docker 的具体架构，了解 Docker 的整个运行流程。接下来借助 Docker 官网的架构图对 Docker 架构进行详细说明，如图 6-9 所示。

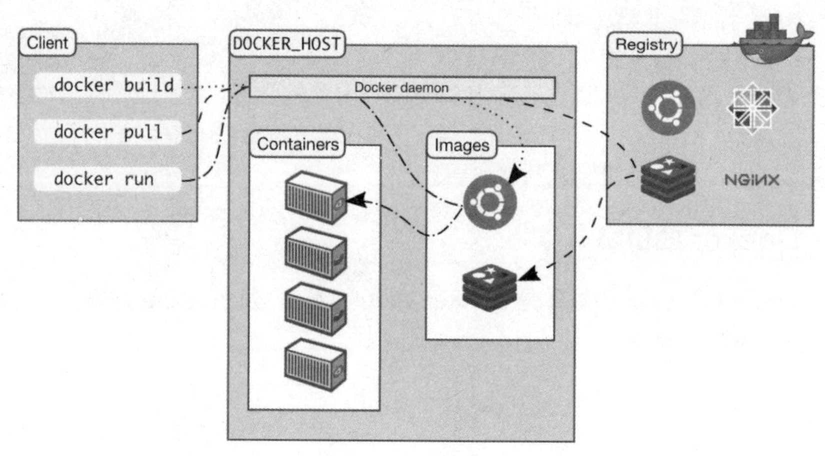

图6-9　Docker架构

从图 6-9 中可以看出，Docker 架构主要包括 Client、DOCKER_HOST 和 Register 三部分，关于这三部分的具体说明如下。

1. Client（客户端）

Client 即 Docker 客户端，也就是上一小节 Docker Engine 中介绍的 docker CLI。开发者通过这个客户端使用 Docker 的相关指令与 Docker 守护进程进行交互，从而进行 Docker 镜像的创建、拉取和运行等操作。

2. DOCKER_HOST（Docker 主机）

DOCKER_HOST 即 Docker 内部引擎运行的主机，主要指 Docker daemon（Docker 守护进程）。可以通过 Docker 守护进程与客户端还有 Docker 的镜像仓库 Registry 进行交互，从而管理 Images（镜像）和 Containers（容器）等。

3. Registry（注册中心）

Registry 即 Docker 注册中心，实质就是 Docker 镜像仓库，默认使用的是 Docker 官方远程注册中心 Docker Hub，也可以使用开发者搭建的本地仓库。Registry 中包含了大量的镜像，这些镜像可以是官网基础镜像，也可以是其他开发者上传的镜像。

我们在实际使用 Docker 时，除了会涉及图中的 3 个主要部分外，还会涉及很多 Docker Objects（Docker 对象），例如 Images（镜像）、Containers（容器）、Networks（网络）、Volumes（数据卷）、Plugins（插件）等。其中常用的两个对象 Image 和 Containers 的说明如下。

- Images（镜像）

Docker 镜像就是一个只读的模板，包含了一些创建 Docker 容器的操作指令。通常情况下，一个 Docker 镜像是基于另一个基础镜像创建的，并且新创建的镜像会额外包含一些功能配置。例如：开发者可以依赖于一个 Ubuntu 的基础镜像创建一个新镜像，并可以在新镜像中安装 Apache 等软件或其他应用程序。

- Containers（容器）

Docker 容器属于镜像的一个可运行实例（镜像与容器的关系其实与 Java 中的类与对象相似），开发者可以通过 API 接口或者 CLI 命令行接口来创建、运行、停止、移动、删除一个容器，也可以将一个容器连接到一个或多个网络中，将数据存储与容器进行关联。

6.5 Docker的底层技术

Docker使用了一系列的底层技术来充分发挥其技术特色，这些底层技术包括有Namespaces、Control groups、Union file systems和Container format等，其具体含义如下。

1. Namespaces（名称空间）

Docker使用名称空间来为容器提供隔离的工作空间。当一个容器运行时，Docker就会为该容器创建一系列的名称空间，并为名称空间提供一层隔离。每一个容器都运行在相对隔离的环境下，对其他名称空间是相对受限的。

2. Control groups（控制组）

基于Linux系统的Docker引擎也依赖于另一项叫做Control groups（cgroups，控制组）的技术。控制组可以对程序进行资源限定，并允许Docker引擎在容器间进行硬件资源共享以及随时进行限制和约束，例如，开发者可以限制某特定容器的可用内存。

3. Union file systems（联合文件系统）

联合文件系统（UnionFS）是一种分层、轻量级并且高性能的文件系统，它支持将文件系统的修改作为一次提交来一层层地叠加，同时可以将不同目录挂载到同一个虚拟文件系统下。不同Docker容器可以共享一些基础的文件系统层，与自己独有的改动层一起使用，可以大大地提高存储效率。Docker目前支持的联合文件系统包括AUFS、btrfs、vfs和DeviceMapper。

4. Container format（容器格式）

Docker引擎将名称空间、控制组和联合文件系统组合成一个叫做容器格式的整体。当前默认的容器格式是libcontainer，未来Docker可能会通过与其他技术（如BSD Jails或者Solaris Zones）的集成使用来开发其他的容器格式。

需要注意的是，本节只是针对这些底层技术进行简要说明，读者只需了解即可。

6.6 本章小结

本章主要讲解了Docker入门的一些概念知识。通过本章的学习，读者可以对Docker的概念及其体系架构有一个初步的了解，并能够掌握在Ubuntu系统上安装Docker的几种方式。

【思考题】

1. 请简述Docker的特点。
2. 请简述Docker的架构组成及各部分的主要作用

Spring Boot+Spring Cloud+Docker

7 Chapter

第7章 Docker的使用

学习目标

- 掌握Dockerfile的使用
- 掌握Docker常用指令的使用
- 掌握Docker的镜像管理

通过上一章节的学习，我们已经对 Docker 的相关概念、安装方式以及运行机制有了一定的认识，但对如何使用 Docker 还并不清楚，而 Docker 的操作才是实际应用中开发者必须掌握的技能。本章将通过一个 Docker 入门程序的编写来讲解 Docker 的使用，同时还会对入门程序中出现的相关技术和概念进行详细讲解。

7.1 Docker 入门程序

在 Ubuntu 系统中安装完 Docker 后，就可以通过一个入门程序来学习 Docker 的基本使用。在此程序中，我们首先需要编写 Dockerfile 及其相关文件，然后构建镜像，创建并启动容器，最后查看运行结果。程序实现的具体步骤如下。

（1）编写 Dockerfile 文件。创建一个空的 Docker 工作目录 dockerspace，进入该目录，并使用 sudo vim Dockerfile 指令新建并打开一个 Dockerfile 文件（当文件不存在时，vim 会新建并打开文件，当文件存在时直接打开文件），然后向该文件中编辑内容，如文件 7-1 所示。

文件 7-1 Dockerfile

```
1  # 使用Docker官方的Python作为一个基础镜像
2  FROM python:2.7-slim
3  # 设置工作目录/app
4  WORKDIR /app
5  # 复制当前目录下的所有内容到容器内的/app目录下
6  ADD . /app
7  # 安装在requirements.txt文件中声明的文件包
8  RUN pip install -r requirements.txt
9  # 设置容器暴露的端口为80
10 EXPOSE 80
11 # 定义环境变量
12 ENV NAME World
13 # 当容器启动后立即运行app.py
14 CMD ["python", "app.py"]
```

文件 7-1 的主要作用就是在一个基础镜像上安装其他程序来构建一个新的镜像，这个过程中，主要涉及了两个外部文件 requirements.txt 和 app.py。其中 requirements.txt 是一个普通 txt 文本，声明了需要安装的两个工具，而 app.py 是一个简单的 Python 小程序。

下面针对文件 7-1 中 Dockerfile 文件构建镜像的过程进行梳理。首先 Docker 会从 Docker 远程仓库拉取 Python 作为一个基础镜像（如果本地已有 Python 镜像，则无需拉取）；然后在 Docker 容器内创建一个目录为 app 的工作空间，并通过 ADD 指令将当前目录中的所有文件复制到 app 目录下；接下来使用 pip 指令安装 requirements.txt 文件内指定的工具，指定容器创建后暴露的端口为 80，以及定义内部环境变量 NAME 并赋值为 World（app.py 文件中的 name 变量就可以引用）；最后在容器启动后运行 app.py 文件。

（2）编写外部文件。在当前目录（dockerspace）下分别创建 requirements.txt 和 app.py，编辑后如文件 7-2 和 7-3 所示。

文件 7-2 requirements.txt

```
1  Flask
2  Redis
```

在文件 7-2 中，Flask 和 Redis 就是我们使用 pip 指令安装的工具。

文件 7-3 app.py

```
1  from flask import Flask
2  from redis import Redis, RedisError
3  import os
4  import socket
5  redis = Redis(host="redis", \
6              db=0, socket_connect_timeout=2, socket_timeout=2)
7  app = Flask(__name__)
8  @app.route("/")
9  def hello():
10     try:
11         visits = redis.incr("counter")
12     except RedisError:
13         visits = "<i>cannot connect to Redis, counter disabled</i>"
14     html = "<h3>Hello {name}!</h3>" \
15            "<b>Hostname:</b> { hostname }<br/>" \
16            "<b>Visits:</b> {visits}"
17     return html.format(name=os.getenv("NAME", "world"),  \
18                  hostname=socket.gethostname(),
19     visits=visits)
20 if __name__ == "__main__":
21     app.run(host='0.0.0.0', port=80)
```

文件 7-3 中 app.py 就是一个简单的 Python 应用，Docker 容器启动后就会运行该应用，访问该应用则会返回一些字符串信息。

至此，Docker 入门程序中需要的文件已经准备完成。

（3）创建镜像。在 Dockerfile 文件所在目录下使用 docker build 指令运行 Dockerfile 文件生成一个 Docker 镜像，具体指令如下。

```
$ docker build -t hellodocker .
```

上述指令中，docker build 是 Docker 构建镜像的指令，-t 参数指定了生成的镜像名称为 hellodocker，指令最后的点“.”代表的是当前目录下的应用上下文（即 Dockerfile 所在目录，如果 Dockerfile 文件不在当前目录下，则需要将点号替换成 Dockerfile 所在的地址）。

使用上述指令构建镜像的过程，如图 7-1 所示。

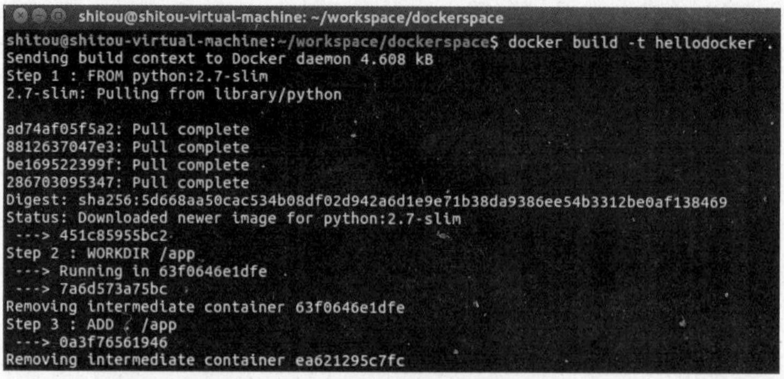

```
shitou@shitou-virtual-machine: ~/workspace/dockerspace
shitou@shitou-virtual-machine:~/workspace/dockerspace$ docker build -t hellodocker .
Sending build context to Docker daemon 4.608 kB
Step 1 : FROM python:2.7-slim
2.7-slim: Pulling from library/python

ad74af05f5a2: Pull complete
8812637047e3: Pull complete
be169522399f: Pull complete
286703095347: Pull complete
Digest: sha256:5d668aa50cac534b08df02d942a6d1e9e71b38da9386ee54b3312be0af138469
Status: Downloaded newer image for python:2.7-slim
 ---> 451c85955bc2
Step 2 : WORKDIR /app
 ---> Running in 63f0646e1dfe
 ---> 7a6d573a75bc
Removing intermediate container 63f0646e1dfe
Step 3 : ADD . /app
 ---> 0a3f76561946
Removing intermediate container ea621295c7fc
```

图7-1 Docker构建镜像的过程

（4）查看镜像。构建镜像完成后，可以使用 docker images 指令查看本地镜像列表中是否有名为 hellodocker 的镜像，具体指令如下。

```
$ docker images
```

查看本地镜像列表的具体效果，如图 7-2 所示。

```
shitou@shitou-virtual-machine: ~/workspace/dockerspace
shitou@shitou-virtual-machine:~/workspace/dockerspace$ docker images
REPOSITORY          TAG                 IMAGE ID            CREATED              SIZE
hellodocker         latest              23c617a866d4        About a minute ago   194.3 MB
python              2.7-slim            451c85955bc2        5 weeks ago          182.5 MB
hello-world         latest              1815c82652c0        11 weeks ago         1.84 kB
shitou@shitou-virtual-machine:~/workspace/dockerspace$
```

图7-2 本地镜像列表

从图 7-2 可以看出，本地镜像列表中不仅包含 hellodocker 镜像，同时还包含 Dockerfile 文件中依赖的基础镜像 Python（该镜像会自动从官网注册中心拉取到本地），因此，可以说明镜像构建成功。

（5）创建并启动容器。通过 docker run 指令会创建并启动一个具体的容器实例（镜像就类似一个 Java 类，必须有具体的实例才能使用），具体指令如下。

```
$ docker run -d -p 5000:80 hellodocker
```

上述指令中，docker run 是 Docker 创建并启动容器的指令；-d 参数表示在后台运行容器，容器创建成功后会自动返回一个 64 位的容器 ID；-p 参数将容器暴露的 80 端口映射到宿主机的 5000 端口。

（6）查看运行容器。使用 docker ps 指令查看当前运行的容器，具体指令如下。

```
$ docker ps
```

查看 Docker 运行中的容器效果，如图 7-3 所示。

图7-3 Docker运行中的容器效果

从图 7-3 可以看出，Docker 容器已按照指令映射到了一个 5000 的端口（可以通过 PORTS 列信息看出），并且生成了容器 ID 和随机的容器名等信息。

（7）访问程序，查看结果。使用宿主机的浏览器通过地址 http://localhost:5000 来访问容器中运行的程序，其执行效果如图 7-4 所示。

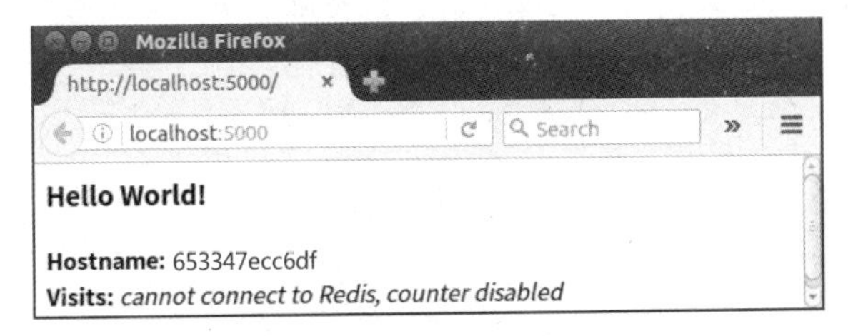

图7-4 容器程序执行效果图

从图 7-4 可以看出，浏览器中已显示出了“Hello World”等信息，这说明 Docker 容器实例已正常启动，并且通过宿主机正确地访问到了容器中的 Python 程序。

（8）停止容器。当容器不再使用时，可以通过 docker stop 指令停止当前运行的容器，具体指令如下。

```
$ docker stop 653347ecc6df
```

需要注意的是，上述指令中“653347ecc6df”代表的是生成的容器 ID，读者自行演示时需要替换成自己容器的 ID。

至此，一个完整的 Docker 入门程序已经讲解完成，关于其中涉及的相关文件和指令，将在接下来的几个小节中具体说明。

多学一招：配置 Docker 加速器

使用 Docker 的时候，需要经常从官网获取镜像，但是由于网络或网速等原因，拉取官网镜像的过程可能会非常缓慢，从而严重影响 Docker 的使用体验，因此我们可以通过国内一些网站提供的加速器工具来解决这个难题。这些加速器通过智能路由和缓存机制，极大地提升了国内网络访问 DockerHub 的速度。Linux 系统中，配置 Docker 加速器的具体指令如下。

```
$ curl -sSL https://get.daocloud.io/daotools/set_mirror.sh | sh -s http://
27e6d45b.m.daocloud.io
```

该指令可以将 Registry 远程注册中心的--registry-mirror 配置信息加入到 Docker 本地配置文件/etc/docker/daemon.json 中。

当配置好 Docker 加速器后，需要根据提示信息重启 Docker 服务才可生效。

7.2 Dockerfile 介绍

从上一小节 Docker 入门程序可以看出，Docker 创建镜像时使用了一个 Dockerfile 文件，Docker 就是通过读取 Dockerfile 文件中一行行的指令构建 Docker 镜像的，接下来本节将针对 Dockerfile 文件及相关指令进行详细讲解。

7.2.1 Dockerfile 基本结构

Dockerfile 是一个普通的文本文件，里面包含了许多可以在命令行接口上执行的用来构建镜像的相关指令，我们通过 docker build 指令就可以读取 Dockerfile 文件中的指令并执行自动化镜像构建。

一般情况下，Dockerfile 文件可分为四个部分：基础镜像信息、维护者信息、镜像操作指令和容器启动时的执行指令，其基本结构如文件 7-4 所示。

文件 7-4 Dockerfile

```
1  #定义基础镜像信息
2  FROM ubuntu
3  # 定义该镜像的维护者信息
4  MAINTAINER docker_user docker_user@email.com
5  # 一些镜像操作指令
6  RUN echo "deb http://archive.ubuntu.com/ubuntu/ raring main universe" \
7          >> /etc/apt/sources.list
```

```
8  RUN apt-get update && apt-get install -y nginx
9  RUN echo "\ndaemon off;" >> /etc/nginx/nginx.conf
10 # 当容器启动时要执行的指令
11 CMD /usr/sbin/nginx
```

从文件7-4可以看出，Dockerfile文件由多条命令语句组成，每条语句都代表一个指令。其中以“#”开头的指令表示注释，另外当一条指令过长时，可以使用反斜杠“\”进行指令换行，这样一条较长的指令就会被分为多行显示。

小提示

Dockerfile 文件是 Docker 构建镜像的脚本文件，名字可以自定义，但在构建镜像时默认使用的是 Dockerfile 文件。当定义为其他名称时，在进行镜像构建时，必须指定该脚本文件的位置和名称。因此，通常情况下，推荐直接使用默认的 Dockerfile 进行命名。

7.2.2　Dockerfile常用指令

在编写Dockerfile脚本文件时，开发者根据实际需要会使用到各种指令，如FROM、CMD、ADD等，这些常用指令及其说明如表7-1所示。

表7-1　Dockerfile常用指令

指令	说明
FROM	指定基础镜像
MAINTAINER	指定镜像维护者信息
RUN	用于执行指定脚本命令
CMD	指定启动容器时执行的命令
EXPOSE	指定容器暴露的端口
ENV	指定环境变量
ADD	将文件从宿主机复制到容器指定位置，同时对压缩文件有自动解压功能
COPY	将文件从宿主机复制到容器指定位置
ENTRYPOINT	设置容器启动时需要运行的命令
WORKDIR	为后续的如RUN、CMD、ENTRYPOINT、COPY、ADD指定工作目录

在表7-1中，列举了Dockerfile文件中的一些常用指令，并分别对其作用进行了简要说明。为了帮助读者更好地掌握这些指令的使用，接下来将对这些常用指令的使用进行详细讲解。

1. FROM

FROM指令用于初始化一个新的镜像构建阶段，同时为之后的指令设置一个基础镜像。设定的基础镜像可以从DockerHub镜像注册中心或者本地镜像列表选取，当本地镜像列表中存在设定的镜像就会直接使用本地镜像，否则会先从远程镜像注册中心拉取到本地再使用。

FROM指令使用的语法格式如下。

```
FROM <image>
FROM <image>:<tag>
```

具体示例如下。

```
FROM ubuntu
FROM ubuntu: 16.04
```

在使用 FROM 指令时，需要注意以下几点。

- 一个有效的 Dockerfile 文件必须以 FROM 指令开头（除了 ARG 指令）。
- 为了创建多重镜像或者互相依赖的镜像，在同一个 Dockerfile 文件中可能会出现多个 FROM 指令。
- <tag>参数是可选的，其作用主要是进一步对镜像区分，例如版本、型号等（如上述示例中的 ubuntu：16.04 就表示版本号为 16.04 的 ubuntu）。如果没有使用该参数，则默认是 latest；如果设置的<tag>参数不存在，则构建镜像也会失败。

2. MAINTAINER

MAINTAINER 指令用于指定当前构建的镜像维护者信息，该指令没有具体的格式要求，通常建议使用用户名和邮箱进行标识，具体示例如下。

```
MAINTAINER "shitou"<shitou@163.com>
```

3. RUN

RUN 指令用于执行指定的脚本命令，有两种格式，其语法格式如下。

```
RUN <command>
RUN ["executable", "param1", "param2"]
```

前者将在 shell 终端中运行命令，即 /bin/sh –c；后者则使用 exec 执行。指定使用其他终端可以通过第二种方式实现，例如 RUN ["/bin/bash", "–c", "echo hello"]。

其中每条 RUN 指令将在当前镜像基础上执行指定命令，并提交为新的镜像。如果要执行多条 RUN 指令，通常会将多条 RUN 指令合成一条，并使用斜杠“\”来换行，这样将减小所构建的镜像的体积。

4. CMD

CMD 指令用于指定启动容器时执行的命令，该指令有三种格式，其语法格式如下。

```
CMD ["executable","param1","param2"]  #使用 exec 执行，也是推荐方式；
CMD command param1 param2       #在 /bin/sh 中执行，提供给需要交互的应用；
CMD ["param1","param2"]    #提供给 ENTRYPOINT 的默认参数；
```

需要注意的是，在使用 CMD 指令时，每个 Dockerfile 只能有一条 CMD 指令，如果有多条 CMD 指令，则只有最后一条生效。如果用户启动容器时指定了运行的指令，则会覆盖掉 CMD 指定的指令。

5. EXPOSE

EXPOSE 指令用于声明容器内部暴露的端口号，供容器访问连接使用，其语法格式如下。

```
EXPOSE <port> [<port>...]
```

6. ENV

ENV 指令用于为下文设定一个环境变量，该变量值在后续指令或内联文件中都可以使用。ENV 指令有两种语法格式，具体如下。

```
ENV <key> <value>
ENV <key>=<value> <key>=<value> ...
```

在上述两种语法格式中，第一种格式为一个属性设置唯一的属性值，<key>属性第一个空格之后的所有字符串（包括空格、引号）都将被视为该属性的值；第二种格式允许同时为多个属性赋值，而这种方式里面的引号、反斜杠等将被解析掉。

7. ADD

ADD 指令用于复制指定的 src 资源文件到容器中的 dest 目录下，复制的资源可以是文件、目录以及远程 URLs 资源。其语法格式如下。

```
ADD <src>... <dest>
```

在使用 ADD 指令时，复制的 src 资源文件必须是当前上下文目录或其子目录，而复制的内容实际上是该目录下的所有内容，其中包括文件系统元数据，而目录本身不会被复制。当 dest 目录不存在时，会在复制文件时自动创建。需要注意的是，当使用 ADD 指令复制的文件是一个压缩包时，ADD 指令会在复制好该文件后，自动进行解压。

在使用 ADD 指令时，复制的 src 资源文件路径允许使用通配符，而 dest 目标目录可以使用绝对路径，也可以使用预先用 WORKDIR 指令定义的相对路径。

8. COPY

COPY 指令的作用与 ADD 指令类似，都是复制指定的 src 资源文件到容器中的 dest 目录下。区别在于，COPY 指令不能复制远程 URL 路径文件，也不能解压文件，而 ADD 指令则可以。其语法格式如下。

```
COPY <src>... <dest>
```

9. ENTRYPOINT

ENTRYPOINT 指令是配置容器启动后执行的命令，每个 Dockerfile 中只能有一个 ENTRYPOINT，当指定多个 ENTRYPOINT 指令时，只有最后一个生效。该指令有两种语法格式，其语法格式如下。

```
ENTRYPOINT ["executable", "param1", "param2"] #exec 格式，推荐的
ENTRYPOINT command param1 param2 #shell 格式
```

10. WORKDIR

WORKDIR 指令用于为后续的指令（如 RUN、CMD、ENTRYPOINT、COPY、ADD）指定工作目录，在同一个 Dockerfile 文件中可以多次使用 WORKDIR 指令，其语法格式如下。

```
WORKDIR /path/to/workdir
```

至此，关于 Dockerfile 文件中的常用指令已介绍完毕，读者可以根据自身实际情况选取使用。Dockerfile 的更多指令可以参考 Dockerfile 官网学习，具体地址为 https://docs.docker.com/engine/reference/builder/#arg。

7.2.3 .dockerignore 文件

在实际情况下，Docker 在读取应用上下文中的 Dockerfile 文件进行镜像构建之前，都会先查看当前应用上下文中是否包含一个名为.dockerignore 的文件，如果该文件存在，则 Docker 会先将.dockerignore 文件中声明的文件或目录进行排除，然后再读取 Dockerfile 进行镜像构建。使用.dockerignore 将有助于在进行文件复制过程中避免向进程中加入过大或者敏感的无用文件和目录。

.dockerignore 文件同 Dockerfile 文件一样，也是一个文本文件。二者的主要区别在于.dockerignore 中存放的是被排除的文件，而 Dockerfile 中存放的是需要执行的指令。

接下来，通过一个简单的示例来讲解.dockerignore 文件内容的编写，如文件 7-5 所示。

文件 7-5　.dockerignore

```
1  # comment
2  */temp*
3  */*/temp*
4  temp?
```

在文件 7-5 中，第 1 行代码表示注释内容，其余 3 行代码均为被排除的文件。从被排除文件的编写方式可以看出，.dockerignore 文件中可以使用通配符排除匹配路径下的文件。

下面针对使用通配符排除匹配路径下的文件进行具体分析。

- */temp*：排除根目录下任意子目录中所有名字以 temp 开头的文件或目录。例如文件/somedir/temporary.txt 会被排除。
- */*/temp*：排除根目录下任意两级子目录中所有名字以 temp 开头的文件或目录。例如文件/somedir/subdir/temporary.txt 会被排除。
- temp?：排除根目录下名字以 temp 开头，后面为任意一个字符的文件或目录。例如目录/tempa 和/tempb 都将被排除。

在前面几个小节中，具体介绍了 Dockerfile 的基本结构和常用指令，读者想要写出好的 Dockerfile 文件就必须对具体的需求、一些 shell 命令以及注意事项有所了解，这些内容可以通过参考官方文档学习，其地址为 https://rock-it.pl/how-to-write-excellent-dockerfiles/。

7.3 Docker 客户端常用指令

在上一个小节中，我们已经学习了如何编写 Dockerfile 文件，但这只是完成了准备工作，要想知道如何使用 Docker 来执行这些文件，还需要学习 Docker 客户端的常用指令，本节将针对 Docker 客户端的常用指令进行详细讲解。

7.3.1 Docker 常用操作指令

在使用 Docker 时，经常会操作镜像与容器，这就会涉及各种操作指令的使用，如 docker build、docker images、docker run 等，这些常用的操作指令及其说明如表 7-2 所示。

表 7-2　Docker 常用操作指令

指令	说明
docker images	列出镜像
docker search	搜索镜像
docker pull	拉取镜像
docker build	构建镜像

续表

指令	说明
docker rmi	删除镜像
docker run	创建并启动容器
docker ps	列出容器
docker exec	执行容器
docker stop	停止容器
docker start	启动容器
docker rm	删除容器

在表 7-2 中，列举了 Docker 操作镜像与容器的一些常用指令，并分别对其作用进行了简要说明。为了帮助读者更好地掌握这些指令的使用，接下来将对这些常用指令的使用进行详细讲解。

1. 列出镜像

通过 docker images 指令可以查看本地镜像列表中已有的镜像，具体使用方式如下。

```
$ docker images
```

执行上述指令后，系统会将所有本地镜像都展示出来，如图 7-5 所示。

图7-5　展示镜像

从图 7-5 中可以看出，系统终端将本地镜像列表中的 3 个镜像分 5 列进行了展示，每一列的具体含义如下。

- REPOSITORY：镜像名称。
- TAG：镜像的参数，类似于版本号，默认是 latest。
- IMAGE ID：镜像 ID，是唯一值。此处看到的是一个长度为 12 的字符串，实际上它是 64 位完整镜像 ID 的缩写形式。
- CREATED：距今创建镜像的时间。
- SIZE：镜像大小。

2. 搜索镜像

想知道在 Docker Hub 中包含了哪些镜像，除了可以登录 Docker Hub，在官网中心进行查看外，还可以直接在 Docker 客户端进行查询。例如想要查询 Ubuntu 镜像，可以使用如下指令。

```
$ docker search ubuntu
```

执行上述指令后，系统终端就会将搜索到的有关 Ubuntu 的镜像展示出来，如图 7-6 所示。

从图 7-6 所示的结果可以看出，系统终端分 5 列将搜索到的 Ubuntu 相关镜像都列举出来了，这 5 列的具体含义如下。

- NAME：表示镜像的名称，这里有两种格式的名称，其中不带有 “/” 的表示官方镜像，而带有 “/” 的表示其他用户的公开镜像。公开镜像 “/” 前面是用户在 Docker Hub 上的用户名（唯一），后面是对应的镜像名；官方镜像与用户镜像，除了从镜像名称上可以区分外，还可以通过第 4 列的 OFFICIAL 声明中看出（该列下内容为 OK 表示官方镜像）。

```
shitou@shitou-virtual-machine: ~
shitou@shitou-virtual-machine:~$ docker search ubuntu
NAME                                               DESCRIPTION                                     STARS   OFFICIAL   AUTOMATED
ubuntu                                             Ubuntu is a Debian-based Linux operating s...   6483    [OK]
dorowu/ubuntu-desktop-lxde-vnc                     Ubuntu with openssh-server and NoVNC            128                [OK]
rastasheep/ubuntu-sshd                             Dockerized SSH service, built on top of of...   97                 [OK]
ansible/ubuntu14.04-ansible                        Ubuntu 14.04 LTS with ansible                   86                 [OK]
ubuntu-upstart                                     Upstart is an event-based replacement for ...   77      [OK]
neurodebian                                        NeuroDebian provides neuroscience research...   38      [OK]
ubuntu-debootstrap                                 debootstrap --variant=minbase --components...   30      [OK]
nuagebec/ubuntu                                    Simple always updated Ubuntu docker images...   22                 [OK]
tutum/ubuntu                                       Simple Ubuntu docker images with SSH access     18
1and1internet/ubuntu-16-nginx-php-phpmyadmin-mysql-5   ubuntu-16-nginx-php-phpmyadmin-mysql-5      13                 [OK]
ppc64le/ubuntu                                     Ubuntu is a Debian-based Linux operating s...   10
aarch64/ubuntu                                     Ubuntu is a Debian-based Linux operating s...   9
i386/ubuntu                                        Ubuntu is a Debian-based Linux operating s...   7
darksheer/ubuntu                                   Base Ubuntu Image -- Updated hourly             3                  [OK]
codenvy/ubuntu_jdk8                                Ubuntu, JDK8, Maven 3, git, curl, nmap, mc...   3                  [OK]
1and1internet/ubuntu-16-apache-php-7.0             ubuntu-16-apache-php-7.0                        1                  [OK]
1and1internet/ubuntu-16-nginx-php-5.6-wordpress-4  ubuntu-16-nginx-php-5.6-wordpress-4             1                  [OK]
thatsamguy/ubuntu-build-image                      Docker webapp build images based on Ubuntu      0
pivotaldata/ubuntu                                 A quick freshening-up of the base Ubuntu d...   0
1and1internet/ubuntu-16-healthcheck                ubuntu-16-healthcheck                           0                  [OK]
defensative/socat-ubuntu                                                                           0                  [OK]
smartentry/ubuntu                                  ubuntu with smartentry                          0                  [OK]
1and1internet/ubuntu-16-sshd                       ubuntu-16-sshd                                  0                  [OK]
ossobv/ubuntu                                      Custom ubuntu image from scratch (based on...   0
fissile/hpe-license-on-ubuntu                      License file on Ubuntu                          0
shitou@shitou-virtual-machine:~$
```

图7-6　搜索镜像

- DESCRIPTION：表示镜像的描述，这里只显示了一小部分。
- STARS：表示该镜像的收藏数，用户可以在 Docker Hub 上对镜像进行收藏，一般可以通过该数字反映出该镜像的受欢迎程度。
- OFFICIAL：表示是否为官方镜像。
- AUTOMATED：表示是否自动构建镜像。例如，用户可以将自己的 Docker Hub 绑定到如 Github 上，当代码提交更新后，可以自动构建镜像。

3. 拉取镜像

通过 docker pull 指令可以拉取仓库镜像到本地（默认都是拉取 Docker Hub 仓库镜像，也可以指定“IP+端口”拉取某个 Docker 机器上的私有仓库镜像），具体使用方式如下。

```
$ docker pull ubuntu
```

执行上述指令后，Docker 会自动从 Docker Hub 上下载最新版本的 Ubuntu 到本地，当然也可以使用以下指令拉取指定版本的镜像到本地，具体指令如下。

```
$ docker pull ubuntu:14.04
```

4. 构建镜像

除了可以通过 docker pull 指令从仓库拉取镜像外，还可以通过 docker build 指令构建 Docker 镜像，通常情况下都是通过 Dockerfile 文件来构建镜像的。

下面仍以 7.1 小节 Docker 入门程序中的 Dockerfile 为例，使用两种方式进行镜像构建。

（1）在 Dockerfile 文件所在目录构建镜像

进入 Dockerfile 文件所在目录后，可以使用 docker build 指令进行镜像构建，具体指令如下。

```
$ cd workspace/dockerspace/
$ docker build -t hellodocker2 .
```

上述方式是入门程序中进入 Dockerfile 所在位置通过点“.”读取当前应用上下文中的 Dockerfile 文件进行镜像构建的。

（2）在其他目录构建镜像

除了可以在 Dockerfile 文件所在目录构建镜像外，我们还可以在指定目录下进行镜像构建，如在 home 目录下读取 Dockerfile 文件所在目录的指令如下。

```
$ cd ~
$ docker build -t hellodocker3 /home/shitou/workspace/dockerspace/.
```

构建镜像完成后，就可以通过 docker images 指令查看镜像是否创建成功，具体效果如图 7-7 所示。

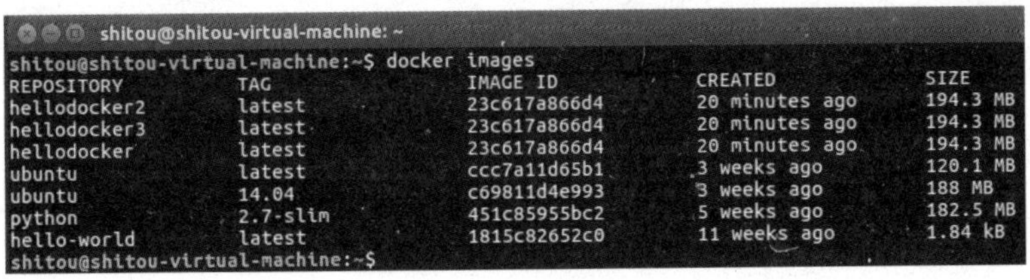

```
shitou@shitou-virtual-machine: ~
shitou@shitou-virtual-machine:~$ docker images
REPOSITORY          TAG                 IMAGE ID            CREATED             SIZE
hellodocker2        latest              23c617a866d4        20 minutes ago      194.3 MB
hellodocker3        latest              23c617a866d4        20 minutes ago      194.3 MB
hellodocker         latest              23c617a866d4        20 minutes ago      194.3 MB
ubuntu              latest              ccc7a11d65b1        3 weeks ago         120.1 MB
ubuntu              14.04               c69811d4e993        3 weeks ago         188 MB
python              2.7-slim            451c85955bc2        5 weeks ago         182.5 MB
hello-world         latest              1815c82652c0        11 weeks ago        1.84 kB
shitou@shitou-virtual-machine:~$
```

图7-7　查看镜像

从图 7-7 结果可以看出，使用上述两种方式都已成功构建出了镜像，并且新构建的两个镜像 hellodocker2 和 hellodocker3 与 hellodocker 镜像的 ID 相同。这是因为这三个镜像都是根据同一个 Dockerfile 文件创建的，只不过取了不同的名称而已。

5. 删除镜像

当本地存放过多不需要的镜像时，可以通过 docker rmi 指令将其删除。在删除镜像时，需要指定镜像名称或镜像 ID。删除镜像的使用方式如下。

```
$ docker rmi -f hellodocker2 hellodocker3
```

上述指令中，docker rmi 表示删除镜像，-f 表示进行强制删除，而 hellodocker2 和 hellodocker3 分别表示需要删除的镜像名称，这里同时删除两个镜像。除了根据名称删除镜像外，还也可以根据镜像 ID 来删除镜像，只是这里如果指定了删除 ID 为 23c617a866d4 的镜像后，会同时删除 hellodocker、hellodocker2 和 hellodocker3 三个镜像。

需要特别强调的是，在进行镜像删除操作时，如果是通过镜像 ID 进行镜像删除，那么由该镜像创建的容器必须提前删除或停止。另外，在通过镜像名称操作镜像时，如果操作的不是默认 latest 镜像，必须在镜像名称后面指定镜像标签 tag 参数来确保唯一性。

6. 创建并启动容器

Docker 镜像主要用于创建容器，可以使用 docker run 指令创建并启动容器，具体使用方式如下。

```
$ docker run -d -p 5000:80 --name test hellodocker
```

上述创建并启动容器的指令略微复杂，具体分析如下。

- docker run：表示创建并启动一个容器，而后面的 hellodocker 就表示要启动运行的镜像名称。
- -d：表示容器启动时在后台运行。
- -p 5000:80：表示将容器内暴露的 80 端口映射到宿主机指定的 5000 端口，也可以将-p 5000:80 更改为-P 来映射主机的随机端口（注意 p 字母的大小写）。
- --name test：表示为创建后的容器指定名称为 test，如果没有该参数配置，则生成的容器会设置一个随机名称。

docker run 命令是 Docker 操作中较为复杂的一个，它可以携带多个参数，我们可以通过 docker run --help 指令进行查看，其中有些参数如-e、-v 和-w 等都可以在 Dockerfile 文件中预先声明。

由于容器名称具有唯一性，因此在创建容器时若指定了容器名称，则后续创建的容器名称不得与此容器名称相同，否则就需要重新命名或者将之前的容器删除。

7. 列出容器

生成容器后，可以通过 docker ps 指令查看当前运行的所有容器，具体使用方式如下。

```
$ docker ps
```

执行上述命令后，会将所有当前运行的容器都展示出来，具体如图 7-8 所示。

```
shitou@shitou-virtual-machine: ~
shitou@shitou-virtual-machine:~$ docker run -d -p 5000:80 --name test hellodocker
f0c9a8b6e8c58606f7c6c0c668fa3524101f2d1b54525466f9531fc5a3c81d3f
shitou@shitou-virtual-machine:~$ docker ps
CONTAINER ID        IMAGE               COMMAND             CREATED             STATUS              PORTS                  NAMES
f0c9a8b6e8c5        hellodocker         "python app.py"     15 seconds ago      Up 13 seconds       0.0.0.0:5000->80/tcp   test
shitou@shitou-virtual-machine:~$
```

图7-8　展示容器

从图 7-8 中可以看出，系统终端通过 7 列对当前的正在运行的一个容器进行了展示，图中每一列的具体含义如下。

- CONTAINER ID：表示生成的容器 ID。
- IMAGE：表示生成该容器的镜像名称。
- COMMAND：表示启动容器时运行的命令，Docker 要求在启动容器时必须运行一个命令。
- CREATED：表示容器创建的时间。
- STATUS：表示容器运行状态，例如 Up 表示运行中，Exited 表示已停止。
- PORTS：表示容器内部暴露的端口映射到主机的端口。
- NAMES：表示生成容器的名称，由 Docker 引擎自动生成，可以像上述示例中使用--name 参数指定生成容器的名称。

另外，docker ps 指令运行过程中可以指定多个参数，还可以通过 docker ps --help 指令对 ps 指令的其他信息进行查看。

8. 执行命令

当生成容器后，客户端可以通过 docker exec 指令与运行的容器进行通信，在通信时需要指定容器 ID 或名称，具体使用方式如下。

```
$ docker exec f0c9a8b6e8c5 ls -l
```

执行上述指令后，就会将该容器中的所有文件都展示出来，如图 7-9 所示。

```
shitou@shitou-virtual-machine: ~
shitou@shitou-virtual-machine:~$ docker exec f0c9a8b6e8c5 ls -l
total 12
-rw-r--r-- 1 root root 419 Sep  4 01:54 Dockerfile
-rw-r--r-- 1 root root 646 Sep  4 01:57 app.py
-rw-r--r-- 1 root root  12 Sep  4 01:56 requirements.txt
shitou@shitou-virtual-machine:~$
```

图7-9　展示文件

9. 停止容器

当不需要容器运行时，可以使用 docker stop 指令停止指定的容器，在停止容器时，需要指定容器 ID 或名称，具体使用方式如下。

```
$ docker stop f0c9a8b6e8c5
```

使用上述指令停止容器时会有略微延迟，成功后会返回该容器 ID。如果想要查看该容器，则可以通过上面学习的 docker ps –a 进行查看。

我们也可以通过 docker kill 指令立即杀死运行的容器进程，使用该指令也需要指定容器 ID 或名称，具体使用方式如下。

```
$ docker kill f0c9a8b6e8c5
```

使用上述指令杀死运行的容器时，几乎是瞬间完成的，执行后便会返回该容器的 ID。

10. 启动容器

容器停止后，如果需要重新访问该容器中的程序，则需要重新启动该容器。启动容器可以通过 docker start 指令来完成，其具体的使用方式如下。

```
$ docker start f0c9a8b6e8c5
```

除了 docker start 指令可以启动已经停止的容器外，还可以使用 docker restart 指令重启容器。

需要注意的是，docker restart 指令既可以重新启动已经停止的容器，也可以重启当前正在运行的容器，具体使用方式如下。

```
$ docker restart f0c9a8b6e8c5
```

11. 删除容器

当不需要使用容器时，则可以使用 docker rm 指令删除已停止的容器，具体使用方式如下。

```
$ docker rm f0c9a8b6e8c5
```

需要注意的是，上述指令只能删除已经停止运行的容器，而不能删除正在运行的容器。如果想要删除正在运行的容器，则需要添加–f 参数强制删除，具体使用方式如下。

```
$ docker rm -f f0c9a8b6e8c5
```

当需要删除的容器过多时，如果还一个个地删除就略显麻烦了，此时可以通过如下指令将全部容器删除。

```
$ docker rm -f $(docker ps -aq)
```

上述指令中，首先会通过$(docker ps –aq)获取所有容器的 ID，然后通过 docker rm –f 指令进行强制删除。

如果开发者有自己特殊的删除需求，可以根据前面 docker ps 指令进行组装来获取需要删除的容器 ID。

Docker 提供的操作指令远不止这些，这里就不一一列举了，想要了解更多 Docker 的操作指令，可以通过 docker ––help 指令进行查看。

7.3.2 Docker 管理指令

Docker 客户端除了提供常用的镜像、容器的操作指令外，还提供了一些管理指令，这些管理指令的名称和说明如表 7–3 所示。

表 7-3　Docker 管理指令

管理指令	说明
docker　container	用于管理容器
docker　image	用于管理镜像
docker　network	用于管理 Docker 网络
docker　node	用于管理 Swarm 集群节点
docker　plugin	用于管理插件
docker　secret	用于管理 Docker 机密
docker　service	用于管理 Docker 一些服务
docker　stack	用于管理 Docker 堆栈
docker　swarm	用于管理 Swarm
docker　system	用于管理 Docker
docker　volume	用于管理数据卷

在表 7-3 中，所有列出的 Docker 管理指令，都是用来分类管理 Docker 应用的，我们都可以使用类似 docker container --help 的指令，来查看每个管理指令的详细使用方式。

需要说明的是，管理指令中的 docker container 和 docker image 的操作指令与上一小节中讲解的常用操作指令是相同的，只是在上一小节中进行镜像和容器操作时省略了 container 和 image 关键字，因为 Docker 默认是对镜像和容器进行操作的。

7.4 Docker 镜像管理

在实际应用中，通常会在已有镜像的基础上来构建新的镜像，然后对这些镜像进行管理。本节将针对 Docker 镜像管理进行详细讲解。

7.4.1 Docker 镜像管理工具

Docker 引擎为使用者提供了客户端，我们通过客户端指令可以创建镜像、生成并启动容器、存储镜像和搜索镜像等，这些都属于镜像管理的内容。对于 Docker 镜像管理，Docker 提供了一些工具，常用的有 Docker Hub 和 Docker Registry，接下来针对这两种常用的镜像管理工具进行简要介绍。

1. Docker Hub

Docker Hub 是一个基于云的注册服务，来提供镜像的注册管理。它集成了 Docker 很多的优秀功能，比如可以自动化进行项目管理等。

Docker Hub 包含了一系列的组件，具体如下。

- Web UI：Web 用户界面
- Meta-data store：镜像数据管理
- Authentication service：认证服务
- Tokenization：标志化

由于 Docker Hub 镜像管理工具是开源免费的，并且可以自动化进行项目管理，所以对大多数个人和小团队公司来说是个不错的选择。只是 Docker Hub 的这种免费是针对用户的公开镜像而言的，也就是说这种镜像是可以被外界查看并获取的。Docker Hub 为每个账号只提供一个私有镜像仓库，如果想要获取更多私有镜像仓库就必须付费购买了。

2. Docker Registry

Docker 官方也提供了另一种镜像管理工具 Docker Registry，它是 Docker 生态系统中的组件，包含了带有不同名称和参数的镜像，其实就是一个镜像内容存储和调配的系统，而用户则可以使用 docker pull 或者 docker push 指令与之交互。

与 Docker Hub 相比，Docker Registry 是完全免费的，并且可以将所有镜像本地私有化管理。但是 Docker Registry 在功能上没有 Docker Hub 强大，并且需要自己手动配置、升级、维护和管理。

对于一些新手或者想要零维护的开发者而言，使用这种需要手动定制的镜像管理工具 Docker Registry 是不太推荐的；而对于一些有经验的开发者或者寻求镜像本地私有化管理的团队来说，想要免费进行 Docker 镜像管理，Docker Registry 是一种理想的选择。

7.4.2　Docker Hub 远程镜像管理

Docker Hub 是一个基于云计算的注册服务，它允许连接到开发者的代码库、管理镜像和创建测试组，并且支持连接到 Docker Cloud 云服务平台进行主机镜像部署。可以说它为开发过程中的镜像、容器管理、用户和团队协作以及工作流自动化提供了集中式资源管理。

1. 登录 Docker Hub

要使用 Docker Hub 就需要先在其官网 https://hub.docker.com/注册一个账号(需要用户名、邮箱和密码)，通过邮件认证后，即可登录到 Docker Hub 中心，如图 7-10 所示主界面。

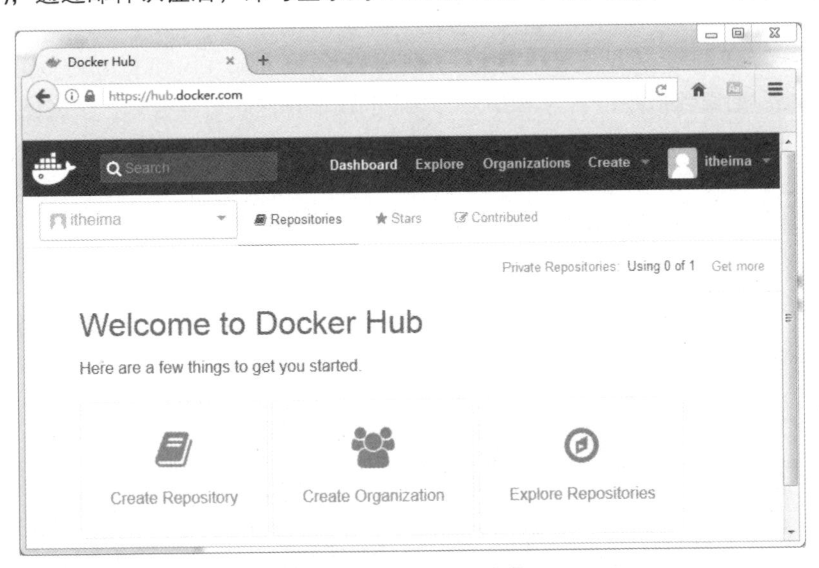

图7-10　Docker Hub主界面

从图 7-10 可以看出，Docker Hub 提供了创建镜像仓库、创建组织等多种功能，例如通过 Create Repository (创建仓库) 链接可以创建 Docker Hub 上的远程仓库；通过 Create Organization (创建组织) 链接可以创建用于镜像开发的团队；通过 Explore Repositories (搜索仓库）可以搜索 Docker 提供的官方仓库和其他开发者提供的公开仓库。

需要注意的是，Docker Hub 的仓库分为 Public（公开）和 Private（私有）两种，公开仓库可以被其他开发者查看和拉取资源；而私有仓库不对外公开，只对内部创建组织的成员公开。Docker Hub 为免费用户只提供了一个私有仓库，如果需要使用更多的私有仓库，则可以单击上图中的“Get more”链接通过付费的方式进行获取。

Docker Hub 功能强大，并非只提供了上述 3 种简单的功能，还有其他一些功能，具体如下。

- 镜像管理：可以从社区或官方搜索、拉取、管理、推送镜像等。
- 自动构建镜像：Docker Hub 支持连接到源代码仓库，如 GitHub 和 Bitbucket，当源代码进行修改后可以进行自动化构建镜像。
- Webhooks（监测工具）：属于自动构建的一个特性，Webhooks 能够让开发者成功推送仓库后触发一些行为。
- Organizations（组织）：可以创建工作组，来协同开发、管理一个镜像仓库。
- GitHub 和 Bitbucket 集成：支持集成代码仓库 GitHub 和 Bitbucket 到工作流中。

2. 修改镜像名称

当有了 Docker Hub 账号后，就可以将本地创建的镜像推送到远程 Docker Hub 仓库进行保存了。这里先使用 docker images 命令查看下本地镜像，显示结果如图 7-11 所示。

```
shitou@shitou-virtual-machine: ~
shitou@shitou-virtual-machine:~$ docker images
REPOSITORY          TAG                 IMAGE ID            CREATED             SIZE
hellodocker         latest              23c617a866d4        27 minutes ago      194.3 MB
ubuntu              latest              ccc7a11d65b1        3 weeks ago         120.1 MB
ubuntu              14.04               c69811d4e993        3 weeks ago         188 MB
python              2.7-slim            451c85955bc2        5 weeks ago         182.5 MB
hello-world         latest              1815c82652c0        11 weeks ago        1.84 kB
shitou@shitou-virtual-machine:~$
```

图7-11 查看本地镜像

从图 7-11 可以看出，本地有 5 个镜像，分别为 hellodocker、ubuntu、ubuntu:14.04、python 和 hello-world。如果我们要将名为 hellodocker 的镜像推送到远程仓库，该镜像名就必须符合 DockerID/repository 的形式规范，其中 DockerID 为 Docker Hub 上的账号名，repository 为镜像名。由于现在 hellodocker 镜像不符合远程仓库的名称规范，因此需要按照要求修改镜像名称，具体操作指令如下（这里假设刚才创建的 Docker Hub 账号名为 itheima）。

```
$ docker tag hellodocker:latest itheima/hellodocker:latest
```

使用上述指令后，会在本地复制一份名称为 itheima/hellodocker 的镜像，而原名称 hellodocker 的镜像不变，再用 docker images 指令查看，显示结果如图 7-12 所示。

```
shitou@shitou-virtual-machine: ~
shitou@shitou-virtual-machine:~$ docker tag hellodocker:latest itheima/hellodocker:latest
shitou@shitou-virtual-machine:~$ docker images
REPOSITORY            TAG                 IMAGE ID            CREATED             SIZE
hellodocker           latest              23c617a866d4        28 minutes ago      194.3 MB
itheima/hellodocker   latest              23c617a866d4        28 minutes ago      194.3 MB
ubuntu                latest              ccc7a11d65b1        3 weeks ago         120.1 MB
ubuntu                14.04               c69811d4e993        3 weeks ago         188 MB
python                2.7-slim            451c85955bc2        5 weeks ago         182.5 MB
hello-world           latest              1815c82652c0        11 weeks ago        1.84 kB
shitou@shitou-virtual-machine:~$
```

图7-12 列出本地镜像

3. 登录认证

想要通过客户端推送镜像到远程仓库必须先登录认证，具体操作指令如下。

```
$ docker login
```

执行上述指令后，会要求输入 Username 和 Password 进行认证登录，认证成功后就会返回有 Login Succeeded 的消息，具体效果如图 7-13 所示。

```
shitou@shitou-virtual-machine: ~
shitou@shitou-virtual-machine:~$ docker login
Login with your Docker ID to push and pull images from Docker Hub. If you don't have
 a Docker ID, head over to https://hub.docker.com to create one.
Username: itheima
Password:
Login Succeeded
shitou@shitou-virtual-machine:~$
```

图7-13　认证成功后返回的信息

4. 推送镜像

我们可以在客户端使用 Docker push 指令向远程仓库推送镜像，具体使用方式如下。

```
$ docker push itheima/hellodocker:latest
```

完成后就可以在 Docker Hub 上进行查看了，如图 7-14 所示。

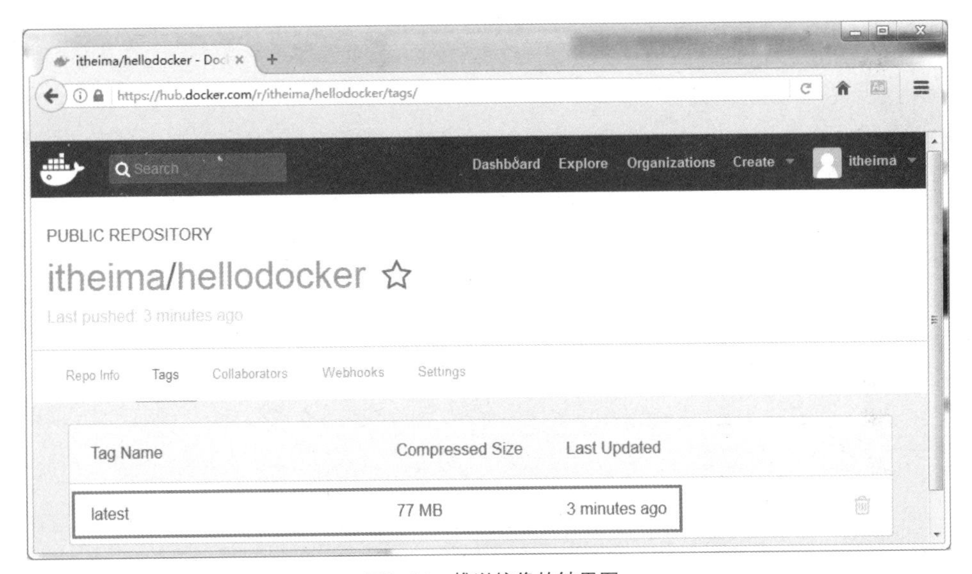

图7-14　推送镜像的结果图

从图 7-14 可以看出，名称为 itheima/hellodocker 的镜像已经推送成功。

Docker Hub 会定时对上传的公开镜像仓库进行索引，而 itheima/hellodocker 镜像仓库就是公开的，所以在一定时间后，任何人员都可以搜索到该公开镜像仓库。

小提示

如果想要将推送的镜像仓库设置为私有的，有两种方式：一种方式就是推送完成后立即进入 Docker Hub 仓库面板，进入对应仓库详情中的 Settings 菜单/功能下，单击“Make Private”按钮设置为私有仓库；另一种方式就是在推送镜像之前，先在 Docker Hub 上通过 Create Repository（创建仓库）链接创建一个私有仓库，然后再以该私有仓库为名重命名一个本地镜像，推送到该指定私有仓库上。

7.4.3 Docker Registry 本地私有仓库搭建

相比 Docker Hub 而言，Docker Registry 的功能就不够全面了，且需要自己手动配置、升级、维护和管理，所以说对于 Docker 镜像管理不太熟悉的人员推荐使用 Docker Hub。如果开发者想要严格控制镜像存储位置，完全拥有自己的镜像分配渠道，或者要想将镜像存储和分布紧密嵌入到自己开发的程序中，则选择 Docker Registry 更适合。接下来，本小节将针对 Docker Registry 本地私有镜像仓库的管理进行详细讲解。

1. 启动 Docker Registry

使用 Docker 官方提供的 Registry 镜像就可以搭建本地私有镜像仓库，具体指令如下。

```
$ docker run -d \
  -p 5000:5000 \
  --restart=always \
  --name registry \
  -v /mnt/registry:/var/lib/registry \
  registry:2
```

在上述指令中，涉及的参数说明如下。

- -d：表示在后台运行该容器。
- -p 5000:5000：表示将私有镜像仓库容器内部默认暴露的 5000 端口映射到宿主机的 5000 端口。
- --restart=always：表示本地私有镜像仓库宕机后始终会自动重启。
- --name registry：表示为生成的容器命名为 registry。
- -v /mnt/registry:/var/lib/registry：表示将容器内的默认存储位置/var/lib/registry 中的数据挂载到宿主机的/mnt/registry 目录下，这样当容器销毁后，在容器中/var/lib/registry 目录下的数据会自动备份到宿主机指定目录。

小提示

Docker Registry 目前有 v1 和 v2 两个版本，v2 版本并不是 v1 版本的简单升级，而是在很多功能上都有了改进和优化。v1 版本使用的是 Python 开发的，而 v2 版本是用 go 语言开发的；v1 版本本地镜像仓库容器中数据默认挂载点是/tmp/registry，而 v2 版本的本地镜像仓库容器中数据默认挂载点是/var/lib/registry。

2. 重命名镜像

之前推送镜像时，都是默认推送到远程镜像仓库，而本次是将指定镜像推送到本地私有镜像仓库。由于推送到本地私有镜像仓库的镜像名必须符合“仓库 IP：端口号/repository”的形式，因此需要按照要求修改镜像名称，具体操作指令如下。

```
$ docker tag hellodocker:latest localhost:5000/myhellodocker
```

执行上述指令后，再次使用 docker images 命令查看现有镜像，如图 7-15 所示。

从图 7-15 中可以看出，在仓库中多了一个名称为 localhost:5000/myhellodocker 的镜像。

```
shitou@shitou-virtual-machine: ~
shitou@shitou-virtual-machine:~$ docker tag hellodocker:latest localhost:5000/myhellodocker
shitou@shitou-virtual-machine:~$ docker images
REPOSITORY                     TAG          IMAGE ID        CREATED          SIZE
hellodocker                    latest       23c617a866d4    46 minutes ago   194.3 MB
itheima/hellodocker            latest       23c617a866d4    46 minutes ago   194.3 MB
localhost:5000/myhellodocker   latest       23c617a866d4    46 minutes ago   194.3 MB
ubuntu                         latest       ccc7a11d65b1    3 weeks ago      120.1 MB
ubuntu                         14.04        c69811d4e993    3 weeks ago      188 MB
python                         2.7-slim     451c85955bc2    5 weeks ago      182.5 MB
registry                       2            751f286bc25e    6 weeks ago      33.21 MB
hello-world                    latest       1815c82652c0    11 weeks ago     1.84 kB
shitou@shitou-virtual-machine:~$
```

图7-15 查看现有镜像

3. 推送镜像

本地私有镜像仓库搭建并启动完成，同时要推送的镜像也已经准备就绪后，就可以将指定镜像推送到本地私有镜像仓库了，具体操作指令如下。

```
$ docker push localhost:5000/myhellodocker
```

执行上述指令后，就可以完成镜像的推送。为了验证推送结果，我们可以在宿主机浏览器上输入地址 http://localhost:5000/v2/myhellodocker/tags/list 进行查看（使用该地址时注意镜像名称），其显示效果如图 7-16 所示。

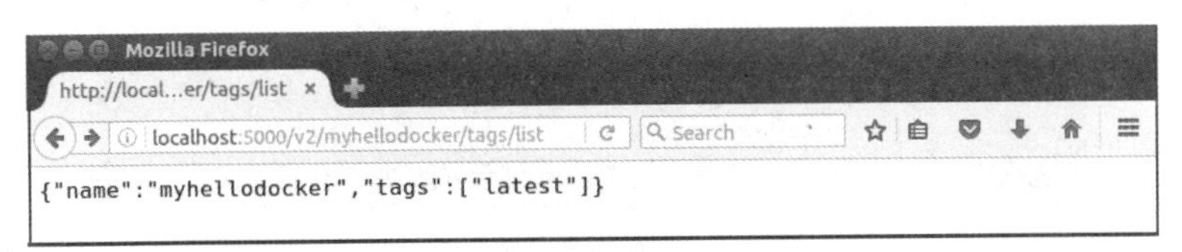

图7-16 验证镜像推送结果

从图 7-16 可以看出，浏览器已经显示出了相应信息，这说明镜像推送成功。

我们在推送镜像的过程中，还将数据映射到了本地磁盘，因此可以在本地磁盘的 /mnt/registry/docker/registry/v2/repositories 目录（即-v 参数指定的宿主机数据映射位置）进行查看，如图 7-17 所示。

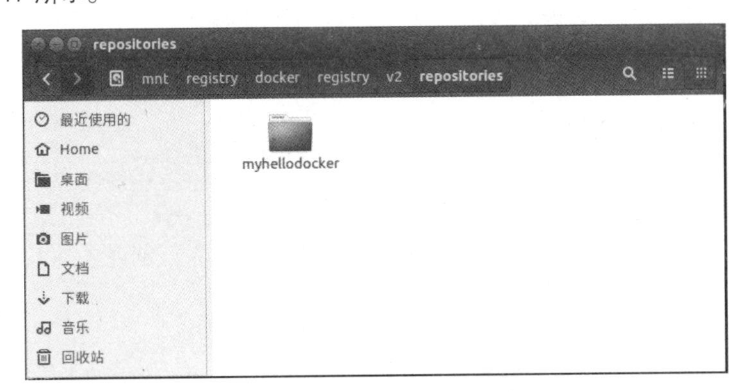

图7-17 在本地磁盘进行查看

需要注意的是，如果通过浏览器访问发现推送成功，而本地磁盘位置却未发现对应的镜像，这就需要确认在启动本地镜像仓库时是否使用了-v 参数，以及数据挂载位置是否正确。

7.4.4 Docker Registry 本地私有仓库配置

通过上一节搭建的 Docker Registry 本地镜像仓库虽然可以正常使用，但在实际开发中，为保障系统的安全性及私密性，我们还必须为本地搭建的私有镜像仓库配置认证证书、登录账号等才能用于真正的服务。接下来，本小节将针对 Docker Registry 本地私有仓库的配置进行详细讲解。

1. Docker Registry 本地私有仓库配置

在配置 Docker Registry 本地私有仓库时，首先我们必须明确在哪台 Docker 机器上搭建该私有仓库，然后根据私有仓库搭建的相关要求进行逐一配置，其具体操作步骤如下。

（1）查看 Docker Registry 私有仓库搭建地址

这里我们仍然以前面演示 Docker 入门程序的 Docker 主机为例，将在该机器上搭建并配置 Docker Registry 本地私有仓库。我们可以在 Docker 机器终端使用 ifconfig 命令查看该机器的 IP 地址，具体效果如图 7-18 所示。

```
shitou@shitou-virtual-machine: ~
shitou@shitou-virtual-machine:~$ ifconfig
docker0   Link encap:以太网  硬件地址 02:42:31:16:93:a9
          inet 地址:172.17.0.1  广播:0.0.0.0  掩码:255.255.0.0
          inet6 地址: fe80::42:31ff:fe16:93a9/64 Scope:Link
          UP BROADCAST RUNNING MULTICAST  MTU:1500  跃点数:1
          接收数据包:5623 错误:0 丢弃:0 过载:0 帧数:0
          发送数据包:6764 错误:0 丢弃:0 过载:0 载波:0
          碰撞:0 发送队列长度:0
          接收字节:318036 (318.0 KB)  发送字节:77341551 (77.3 MB)

ens33     Link encap:以太网  硬件地址 00:0c:29:76:1c:e2
          inet 地址:192.168.197.139  广播:192.168.197.255  掩码:255.255.255.0
          inet6 地址: fe80::838c:36b2:9d22:139/64 Scope:Link
          UP BROADCAST RUNNING MULTICAST  MTU:1500  跃点数:1
          接收数据包:427491 错误:0 丢弃:0 过载:0 帧数:0
          发送数据包:166243 错误:0 丢弃:0 过载:0 载波:0
          碰撞:0 发送队列长度:1000
          接收字节:501334362 (501.3 MB)  发送字节:94110176 (94.1 MB)
```

图7-18　本地镜像仓库的IP地址

从图 7-18 可以看出，此次将要搭建和配置的 Docker Registry 本地私有仓库的 Docker 主机 IP 地址为 192.168.197.139。

（2）生成自签名证书

要确保 Docker Registry 本地镜像仓库的安全性，还需要一个安全认证证书，来保证其他 Docker 机器不能随意访问该机器上的 Docker Registry 本地镜像仓库，所以需要在搭建 Docker Registry 本地镜像仓库的 Docker 主机上先生成自签名证书（如果已购买证书就无需生成），具体操作指令如下。

```
$ mkdir registry && cd registry && mkdir certs && cd certs
$ openssl req -x509 -days 3650 -subj '/CN=192.168.197.139:5000/' \
   -nodes -newkey rsa:2048 -keyout domain.key -out domain.crt
```

在终端 home 目录下执行上述指令后，首先会在 home 目录下创建并进入 registry/certs 目录，然后使用 openssl 生成一个自签名的证书。

关于 openssl 命令中的一些参数说明如下。

- -x509：x509 是一个自签发证书的格式。
- -days 3650：表示证书有效期。
- 192.168.197.139:5000：表示具体部署 Docker Registry 本地镜像仓库的地址和端口。
- rsa:2048：是证书算法长度。
- domain.key 和 domain.crt：就是生成的证书文件。

需要特别注意的是，Docker Registry 本地镜像仓库的地址和端口，要根据读者自己机器的 IP 或者域名进行修改。

（3）生成用户名和密码

在 Docker Registry 本地镜像仓库所在的 Docker 主机上生成自签名证书后，为了确保 Docker 机器与该 Docker Registry 本地镜像仓库的交互，还需要生成一个连接认证的用户名和密码，使其他 Docker 用户只有通过用户名和密码登录后才允许连接到 Docker Registry 本地镜像仓库。

生成连接认证的具体操作指令如下（继续在上面生成的 certs 目录下执行以下指令）。

```
$ cd .. && mkdir auth
$ docker run --entrypoint htpasswd registry:2 -Bbn shitou 123 > auth/htpasswd
```

执行上述指令后，首先会在前面的 registry 目录下再创建一个 auth 子目录并进入该子目录，然后使用 docker run 指令生成用于访问 Docker Registry 本地镜像仓库服务的用户名和密码（shitou 是用户名，123 是密码）。

（4）启动 Docker Registry 本地镜像仓库服务

完成上面的准备工作后，就可以正式部署带有安全认证的本地私有镜像仓库了（需要将前面小节中运行的 Docker Registry 删除），具体指令如下。

```
$ docker run -d \
  -p 5000:5000 \
  --restart=always \
  --name registry \
  -v /mnt/registry:/var/lib/registry \
  -v `pwd`/auth:/auth \
  -e "REGISTRY_AUTH=htpasswd" \
  -e "REGISTRY_AUTH_HTPASSWD_REALM=Registry Realm" \
  -e REGISTRY_AUTH_HTPASSWD_PATH=/auth/htpasswd \
  -v `pwd`/certs:/certs \
  -e REGISTRY_HTTP_TLS_CERTIFICATE=/certs/domain.crt \
  -e REGISTRY_HTTP_TLS_KEY=/certs/domain.key \
  registry:2
```

上述指令中的多个参数在 7.4.3 小节已经有过介绍，除此之外还使用了-v 和-e 参数在启动 Docker Registry 仓库服务时配置了认证证书和和连接的用户信息。上述指令是在前面生成的 registry 目录下执行的，如果在其他目录下执行，需要修改-v 参数中 auth 和 certs 所在的宿主机文件路径。

（5）配置 Docker Registry 访问接口

完成 Docker Registry 本地镜像仓库服务启动后，还需要在搭建了 Docker Registry 本地镜像仓库所在的 Docker 主机上配置供其他 Docker 机器访问的接口，具体指令如下。

```
$ sudo mkdir -p /etc/docker/certs.d/192.168.197.139:5000
$ sudo cp certs/domain.crt /etc/docker/certs.d/192.168.197.139:5000
```

在 Docker Registry 本地镜像仓库所在的 Docker 主机上分别执行上述指令，就完成了 Docker Registry 访问客户端的配置。

上述指令中，第一条指令用于创建一个证书目录，要注意的是 192.168.197.139:5000 目录名要与启动的 Docker Registry 服务地址端口一致；第二条指令将生成的 domain.crt 证书复制到刚才创建的证书目录下。

2. 验证测试

通过前面几个步骤的操作，配置有安全认证的 Docker Registry 本地私有仓库就已经完成启动设置，接下来我们就可以在其他 Docker 主机上向该 Docker Registry 本地私有仓库推送镜像来进行测试了，具体步骤如下。

（1）Docker Registry 私有仓库使用登记

其他 Docker 机器如果想要与配置有自签名证书和账号认证的私有仓库进行通信，就必须在各自 Docker 主机上配置该私有仓库地址，进行使用登记（此处就以部署了 Docker Registry 镜像仓库的 Docker 机器为例，在同一台机器上进行演示）。

在该 Docker 机器终端使用 sudo vim /etc/docker/daemon.json 命令编辑 daemon.json 文件，在该文件中添加如下内容。

```
{"insecure-registries":["192.168.197.139:5000"]}
```

上述内容中的 192.168.197.139:5000 就是要访问的 Docker Registry 私有仓库地址。

需要注意的是，daemon.json 文件中配置的内容都是在同一个大括号“{}”中以“key:value”形式存在的文本，多个“key:value”配置中间用英文逗号“,”分隔，具体效果如图 7-19 所示。

```
shitou@shitou-virtual-machine: ~
{"registry-mirrors": ["http://27e6d45b.m.daocloud.io"],"insecure-registries":["192.168.197.139:5000"]}
```

图7-19　daemon.json文件

从图 7-19 可以看出，daemon.json 文件中的配置内容包括前面 7.1 小节介绍的镜像加速器，以及 Docker Registry 私有仓库地址。

编辑完成并保存后，需要重启 Docker 进程，具体指令如下。

```
$ sudo /etc/init.d/docker restart
```

执行完上述操作后，配置了该仓库服务地址的 Docker 主机就可以与 Docker Registry 私有仓库进行通信，来完成镜像的搜索、拉取和推送等操作。

（2）准备镜像文件

在该 Docker 主机上重命名一个 Docker 镜像，具体指令如下。

```
$ docker tag hello-world:latest 192.168.197.139:5000/myhelloworld
```

执行上述指令后，可以通过 docker images 命令查看当前 Docker 主机上镜像列表中存在的所有镜像，效果如图 7-20 所示。

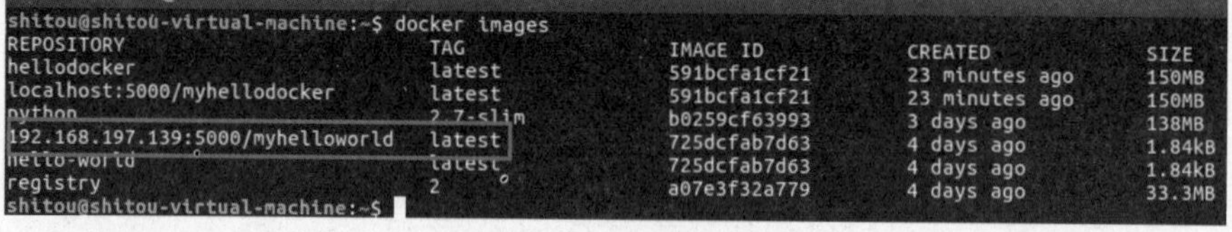

```
shitou@shitou-virtual-machine: ~
shitou@shitou-virtual-machine:~$ docker images
REPOSITORY                          TAG        IMAGE ID       CREATED          SIZE
hellodocker                         latest     591bcfa1cf21   23 minutes ago   150MB
localhost:5000/myhellodocker        latest     591bcfa1cf21   23 minutes ago   150MB
python                              2.7-slim   b0259cf63993   3 days ago       138MB
192.168.197.139:5000/myhelloworld   latest     725dcfab7d63   4 days ago       1.84kB
hello-world                         latest     725dcfab7d63   4 days ago       1.84kB
registry                            2          a07e3f32a779   4 days ago       33.3MB
shitou@shitou-virtual-machine:~$
```

图7-20　主机镜像列表

（3）推送镜像

通过 docker push 指令向 Docker Registry 本地私有镜像仓库推送该镜像，具体指令如下。

```
$ docker push 192.168.197.139:5000/myhelloworld
```

执行上述指令后，就会有错误信息提示，如图 7-21 所示。

```
shitou@shitou-virtual-machine: ~
shitou@shitou-virtual-machine:~$ docker push 192.168.197.139:5000/myhelloworld
The push refers to a repository [192.168.197.139:5000/myhelloworld]
51d9ee0d3e49: Preparing
no basic auth credentials
shitou@shitou-virtual-machine:~$
```

图7-21　错误信息提示

从图 7-21 可以看出，推送过程中出现错误，信息提示为：no basic auth credentials（即没有通过身份验证），所以无法进行推送，这也就说明身份验证的配置有效。要想成功推送，需要先登录成功后再推送。

（4）登录 Docker Registry 镜像仓库

在该 Docker 主机上通过 docker login 指令先登录到 Docker Registry 本地私有镜像仓库，具体指令如下。

```
$ docker login 192.168.197.139:5000
```

使用上述指令就可以进行 Docker Registry 本地私有镜像仓库的登录了。需要注意的是，这里使用 docker login 指令后必须添加 Docker Registry 镜像仓库服务地址和端口。当登录成功后，终端会返回有“Login Succeeded”登录成功的提示信息。

（5）再次推送镜像

登录成功后，再次通过 docker push 指令向 Docker Registry 本地私有镜像仓库推送刚才命名的镜像，具体指令与第三步指令相同。

（6）结果验证

通常情况下，通过上一步推送后的返回信息就可以判断是否推送成功，当然最严谨和直观的方法就是在 Docker Registry 服务挂载的镜像目录上进行结果验证。在本地磁盘的（即-v 命令指定的宿主机数据挂载点位置）/mnt/registry/docker/registry/v2/repositories 目录进行查看，其显示结果如图 7-22 所示。

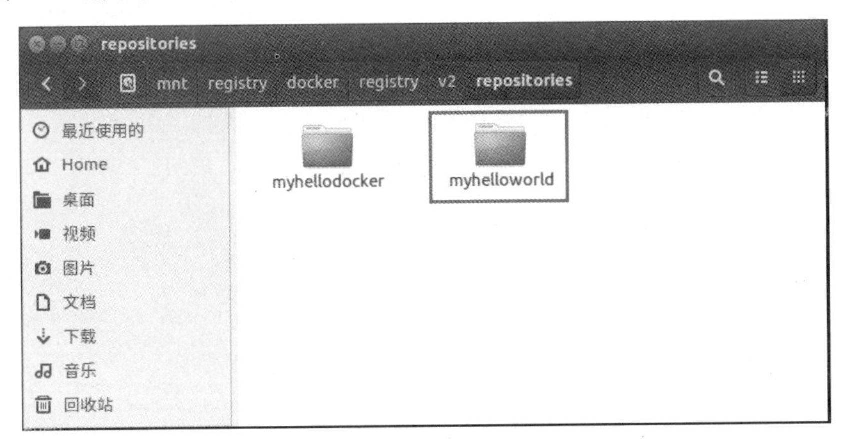

图7-22　查看本地镜像仓库

从图 7-22 可以看出，名为 myhelloworld 的镜像已成功推送到了 Docker Registry 本地私有镜像仓库。至此 Docker Registry 本地私有镜像仓库的具体管理配置就已讲解完成。

小提示

Docker 官方提供的镜像管理仓库 Docker Hub 是一个可视化的并且集成了多种功能的镜像管理工具，而 Docker 提供的本地私有镜像仓库 Docker Registry 却没有像样的可视化管理工具，虽然这种本地私有镜像仓库完全不影响实际使用，但是从管理和效果上感觉却不是很方便。针对这种情况，一些社区专门开发了 Docker Registry 的可视化管理工具来方便本地镜像仓库管理，其中比较流行的一款软件叫做 Portus，它集成了一些镜像管理功能，可以完全可视化的管理仓库镜像和访问用户，感兴趣的读者可以自行查询相关资料进行学习。

7.5 本章小结

本章主要讲解了 Docker 的基本使用及镜像管理的一些知识，其中涉及 Dockerfile 文件、Docker 客户端的常用指令等。通过本章的学习，读者可以掌握 Docker 的基本使用，同时能够掌握 Docker 中镜像管理。

【思考题】

1. 请简述 Docker 常用的操作指令并说明作用。
2. 请简述 Docker Registry 本地私有仓库的配置过程。

Spring Boot+Spring Cloud+Docker

8 Chapter

第 8 章 Docker 中的网络与数据管理

学习目标

- 掌握 Docker 的网络管理
- 掌握 Docker Swarm 集群的使用
- 掌握 Volumes 数据卷的使用

Docker 的入门程序以及镜像管理的相关知识只涉及了 Docker 表层的使用和镜像层面的管理，而要学好 Docker，我们还必须要掌握 Docker 内部容器层面的使用。本章将在上一章节内容的基础上，针对 Docker 容器层面的网络和数据管理的相关知识进行详细地讲解。

8.1 Docker 网络管理

Docker 默认使用 bridge（单主机互联）和 overlay（可跨主机互联）两种网络驱动来进行容器的网络管理。如果需要，用户还可以自定义网络驱动插件进行 Docker 容器的网络管理。本节将针对 Docker 默认的网络管理和自定义网络管理进行详细讲解。

8.1.1 Docker 默认网络管理

在进行 Docker 安装时，Docker 就会自动创建三种网络。客户端可以通过网络管理指令进行查看，具体操作指令如下。

```
$ docker network ls
```

上述指令用于列举 Docker 中的所有网络，执行后的效果如图 8-1 所示。

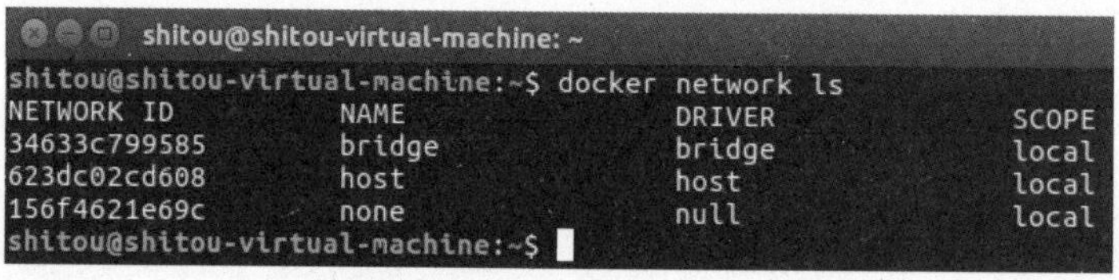

```
shitou@shitou-virtual-machine: ~
shitou@shitou-virtual-machine:~$ docker network ls
NETWORK ID          NAME                DRIVER              SCOPE
34633c799585        bridge              bridge              local
623dc02cd608        host                host                local
156f4621e69c        none                null                local
shitou@shitou-virtual-machine:~$
```

图8-1　Docker中的所有网络

从图 8-1 可以看出，Docker 中默认的三种网络分别为 bridge、host 和 none，其中名为 bridge 的网络就是默认的 bridge 驱动网络，也是容器创建时默认的网络管理方式，配置后可以与宿主机通信从而实现与互联网通信功能，而 host 和 none 属于无网络，容器添加到这两个网络时不能与外界网络通信。

下面通过一个示例来演示默认的 bridge 网络管理方式，其执行过程如下。

（1）创建并启动容器。在终端窗口中执行如下指令。

```
$ docker run -itd --name=networktest ubuntu
```

上述指令在后台启动了一个镜像名称为 ubuntu 的容器，并为启动后的容器命名为 networktest。

（2）使用网络查看指令查看网络详情，具体操作指令如下。

```
$ docker network inspect bridge
```

上述指令用于核查名称为 bridge 的网络详情，需要指明网络名称或者网络 ID，执行上述指令后，效果如图 8-2 所示。

从图 8-2 可以看出，执行上述指令后就会显示出 bridge 网络的所有详细信息，其中就包括了使用默认的 bridge 网络管理方式启动的名称为 networktest 的容器。

需要注意的是，这里介绍的三种网络 bridge、host 和 none 都是在非集群环境下 Docker 提供的默认网络，而在 Docker Swarm 集群环境下，除了这三种默认网络外，Docker 还提供了

docker_gwbridge 和 ingress 两种默认网络。

```
shitou@shitou-virtual-machine: ~
shitou@shitou-virtual-machine:~$ docker network inspect bridge
[
    {
        "Name": "bridge",
        "Id": "34633c799585035fb2c77f3d2eaeb038373e6f417410bd9570ac1fbe423a1e05",
        "Scope": "local",
        "Driver": "bridge",
        "EnableIPv6": false,
        "IPAM": {
            "Driver": "default",
            "Options": null,
            "Config": [
                {
                    "Subnet": "172.17.0.0/16",
                    "Gateway": "172.17.0.1"
                }
            ]
        },
        "Internal": false,
        "Containers": {
            "41e291aaae0ecb702fd456018daec62c5568820f3f79ae45a04746d9276aa807": {
                "Name": "networktest",
                "EndpointID": "897897ba132afa2986e3fd225fb3f4758d9c0574531ca33abd8599f789799fae",
                "MacAddress": "02:42:ac:11:00:02",
                "IPv4Address": "172.17.0.2/16",
                "IPv6Address": ""
            }
        },
        "Options": {
            "com.docker.network.bridge.default_bridge": "true",
            "com.docker.network.bridge.enable_icc": "true",
            "com.docker.network.bridge.enable_ip_masquerade": "true",
            "com.docker.network.bridge.host_binding_ipv4": "0.0.0.0",
            "com.docker.network.bridge.name": "docker0",
            "com.docker.network.driver.mtu": "1500"
        },
        "Labels": {}
    }
]
shitou@shitou-virtual-machine:~$
```

图8-2　Docker的网络详情

小提示

在第 7 章中已经启动了多个容器，并且都是默认使用 bridge 网络进行管理的。为了不对本章节相关讲解和测试造成干扰，建议先将前面章节创建的容器全部移除。

8.1.2　自定义网络介绍

虽然 Docker 提供的默认网络的使用比较简单，但是为了保证各容器中应用的安全性，在实际开发中更推荐使用自定义的网络进行容器管理。

在 Docker 中，可以自定义 bridge 网络、overlay 网络，也可以创建 network plugin（网络插件）或者远程网络以实现容器网络的完全定制和控制。接下来将分别针对这几种自定义网络进行讲解。

1. Bridge networks（桥接网络）

为了保证容器的安全性，我们可以使用基于 bridge 的驱动创建新的 bridge 网络，这种基于 bridge 驱动的自定义网络可以较好地实现容器隔离。

需要说明的是，这种用户自定义的基于 bridge 驱动的网络对于单主机的小型网络环境管理是一个不错的选择，但是对于大型的网络环境管理（如集群）就需要考虑使用自定义 overlay 集群网络。

2. Overlay network in swarm mode（Swarm 集群中的覆盖网络）

在 Docker Swarm 集群环境下可以创建基于 overlay 驱动的自定义网络。为了保证安全性，

Swarm 集群使自定义的 overlay 网络只适用于需要服务的群集中的节点，而不会对外部其他服务或者 Docker 主机开放。

3. Custom network plugins（定制网络插件）

如果前面几种自定义网络都无法满足需求时，就可以使用 Docker 提供的插件来自定义网络驱动插件。自定义网络插件会在 Docker 进程所在主机上作为另一个运行的进程。

自定义网络驱动插件与其他插件遵循相同的限制和安装规则，所有插件都使用 Docker 提供的插件 API，并且有一个包含安装、启动、停止和激活的生命周期。由于自定义网络插件使用较少，所以读者只需了解即可。

8.1.3 自定义 bridge 网络

上一节已经对 Docker 中几种常用的自定义网络进行了简单介绍，本小节将针对非集群环境下基于 bridge 驱动的自定义网络进行详细讲解。

1. 创建自定义网络

在 Docker 主机上可以使用 docker network create 指令来创建网络，具体操作指令如下。

```
$ docker network create --driver bridge isolated_nw
```

执行上述指令可以创建一个基于 bridge 驱动的名称为 isolated_nw 的网络。其中--driver（可简写为-d）用于指定网络驱动类型，isolated_nw 就是新创建的网络名称。需要说明的是，--driver bridge 可以省略，省略时 Docker 会默认使用基于 bridge 驱动来创建新的网络。

创建完网络后，可以使用 docker network ls 指令查看创建的网络是否成功，效果如图 8-3 所示。

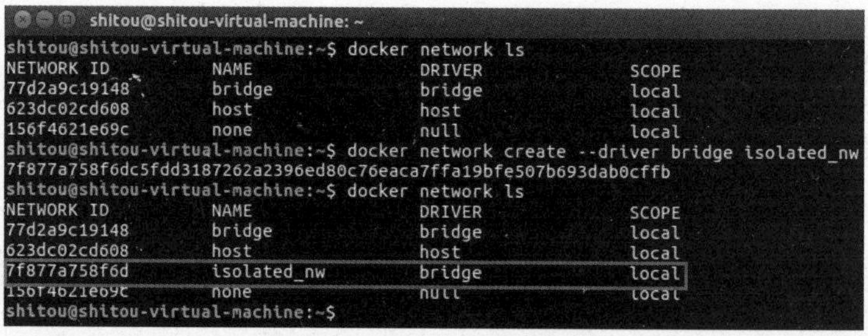

```
shitou@shitou-virtual-machine: ~
shitou@shitou-virtual-machine:~$ docker network ls
NETWORK ID          NAME                DRIVER              SCOPE
77d2a9c19148        bridge              bridge              local
623dc02cd608        host                host                local
156f4621e69c        none                null                local
shitou@shitou-virtual-machine:~$ docker network create --driver bridge isolated_nw
7f877a758f6dc5fdd3187262a2396ed80c76eaca7ffa19bfe507b693dab0cffb
shitou@shitou-virtual-machine:~$ docker network ls
NETWORK ID          NAME                DRIVER              SCOPE
77d2a9c19148        bridge              bridge              local
623dc02cd608        host                host                local
7f877a758f6d        isolated_nw         bridge              local
156f4621e69c        none                null                local
shitou@shitou-virtual-machine:~$
```

图8-3 查看创建的网络是否成功

从图 8-3 可以看出，新创建的 isolated_nw 网络已经在列表中展示出来，这说明新的 bridge 网络创建成功。

除 docker network ls 指令外，还可以使用 docker network inspect 指令查看新建网络的详细信息。

2. 使用自定义网络启动容器

自定义网络创建成功后，就可以使用该网络启动一个容器，具体操作指令如下。

```
$ docker run --network=isolated_nw -itd --name=nwtest busybox
```

执行上述指令后，会创建一个名为 nwtest 的容器，指令中的--network 参数指定了该容器的网络连接为自定义的 isolated_nw。

通过 docker inspect nwtest 指令可以查看启动后的容器网络详情，来核查其网络管理方式，效果如图 8-4 所示。

```
shitou@shitou-virtual-machine: ~
            "MacAddress": "",
            "Networks": {
                "isolated_nw": {
                    "IPAMConfig": null,
                    "Links": null,
                    "Aliases": [
                        "fb53c1dd123c"
                    ],
                    "NetworkID": "ebf6ab89696c97779cf073e930b134b8ebeaef6fb30751bd492df31b522a2c52",
                    "EndpointID": "4699b724d9c15c037db786bf35cbb375c9c13f66cf0d697728111b27de593104",
                    "Gateway": "172.18.0.1",
                    "IPAddress": "172.18.0.2",
                    "IPPrefixLen": 16,
                    "IPv6Gateway": "",
                    "GlobalIPv6Address": "",
                    "GlobalIPv6PrefixLen": 0,
                    "MacAddress": "02:42:ac:12:00:02",
                    "DriverOpts": null
                }
            }
        }
    }
]
shitou@shitou-virtual-machine:~$
```

图8-4　Docker容器网络详情（1）

从图 8-4 可以看出，名为 nwtest 的容器使用的就是自定义的 isolated_nw 网络进行容器网络管理的。

3. 为容器添加网络管理

名为 nwtest 的容器使用的只有自定义的 isolated_nw 一种网络管理方式，我们还可以继续为该容器添加其他网络管理方式，具体操作指令如下。

```
$ docker network connect bridge nwtest
```

执行上述指令后，会为容器 nwtest 另添加一种默认的 bridge 网络管理方式。再次使用 docker inspect nwtest 指令查看该容器网络详情，效果如图 8-5 所示。

```
shitou@shitou-virtual-machine: ~
            "Networks": {
                "bridge": {
                    "IPAMConfig": {},
                    "Links": null,
                    "Aliases": [],
                    "NetworkID": "d5db1cf23cabd60e539803c58faf7b14117a8f264188274be7a2974c072899d4",
                    "EndpointID": "01ac5b3cfbf16a09368cef14719cde13345a57b95862652dad266eed499bfea7",
                    "Gateway": "172.17.0.1",
                    "IPAddress": "172.17.0.2",
                    "IPPrefixLen": 16,
                    "IPv6Gateway": "",
                    "GlobalIPv6Address": "",
                    "GlobalIPv6PrefixLen": 0,
                    "MacAddress": "02:42:ac:11:00:02",
                    "DriverOpts": null
                },
                "isolated_nw": {
                    "IPAMConfig": null,
                    "Links": null,
                    "Aliases": [
                        "fb53c1dd123c"
                    ],
                    "NetworkID": "ebf6ab89696c97779cf073e930b134b8ebeaef6fb30751bd492df31b522a2c52",
                    "EndpointID": "4699b724d9c15c037db786bf35cbb375c9c13f66cf0d697728111b27de593104",
                    "Gateway": "172.18.0.1",
                    "IPAddress": "172.18.0.2",
                    "IPPrefixLen": 16,
                    "IPv6Gateway": "",
                    "GlobalIPv6Address": "",
                    "GlobalIPv6PrefixLen": 0,
                    "MacAddress": "02:42:ac:12:00:02",
                    "DriverOpts": null
                }
            }
        }
    }
]
shitou@shitou-virtual-machine:~$
```

图8-5　Docker容器网络详情（2）

从图 8-5 可以看出，执行完为容器添加网络管理的指令后，容器 nwtest 就拥有了两种网络管理方式，分别为默认的 bridge 网络和自定义的 isolated_nw 网络。

4. 断开容器网络连接

容器既可以连接网络，也可以断开网络。这里以断开 nwtest 容器的自定义网络 isolated_nw 为例进行演示，断开网络连接的指令如下。

```
$ docker network disconnect isolated_nw nwtest
```

断开网络连接的指令与连接网络的指令类似，在使用时也需要指定网络名称和容器名称。

小提示

一个容器可以有一到多个网络连接，当使用断开网络连接的指令将一个容器内的所有的网络连接方式全部断开后，虽然容器还在运行，但是容器内部的应用将无法被外界访问。

5. 移除自定义网络

当不再需要某个网络时，可以将该网络移除，但在移除网络之前，一定要先将所有与该网络连接的容器断开。移除自定义网络的指令如下。

```
$ docker network rm isolated_nw
```

执行上述指令后，就可以移除名称为 isolated_nw 的自定义网络。当网络移除成功后，会返回网络名称。为了验证网络是否移除成功，可以使用 docker network ls 指令列举所有网络进一步确认。

8.1.4 容器之间的网络通信

Docker 中的不同容器之间需要通过网络来进行通信，那么各个容器之间具体是如何实现通信的呢？接下来，本小节将以非集群环境下的容器通信为例，对 Docker 容器之间的通信进行讲解。

实现 Docker 容器之间网络通信的具体步骤如下。

1. 创建容器

（1）创建两个使用默认的 bridge 网络的容器，具体操作指令如下。

```
$ docker run -itd --name=container1 busybox
$ docker run -itd --name=container2 busybox
```

执行上述指令后，会创建两个名为 container1 和 container2 的容器，同时他们都是使用默认的 bridge 进行网络管理的。

（2）创建一个使用自定义的 isolated_nw 网络（需要预先创建）的容器，具体操作指令如下。

```
$ docker run --network=isolated_nw -itd --name=container3 busybox
```

执行上述指令后，会创建一个名为 container3 的容器，使用--network 参数指定了该容器的网络管理为自定义的 isolated_nw。

（3）为 container2 容器新增一个自定义的 isolated_nw 网络连接，具体操作指令如下。

```
$ docker network connect isolated_nw container2
```

执行上述指令后，container2 容器就同时拥有了 bridge 和 isolated_nw 两种网络管理方式。

执行完前面 3 个步骤后，container1 使用的是默认的 bridge 网络管理，container3 使用的是自定义的 isolated_nw 网络管理，而 container2 使用的是默认的 bridge 网络管理和自定义的 isolated_nw 网络管理。这 3 个容器具体的网络管理关系，可以通过图 8-6 进行说明。

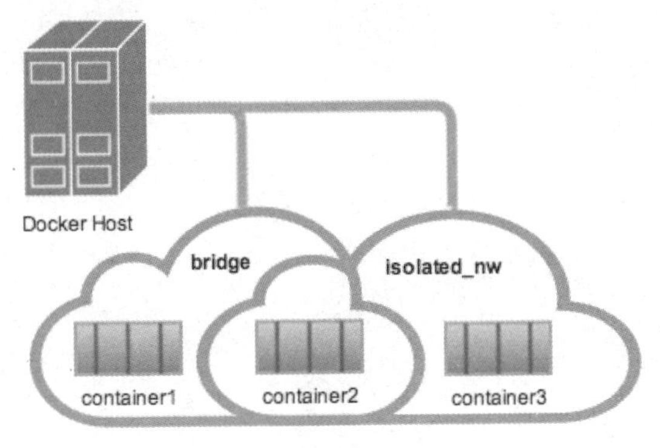

图8-6　容器的网络关系图

从图 8-6 可以看出，container1 和 container2 在同一个默认的 bridge 网络管理下，这两个容器可以相互通信；而 container2 又和 container3 在同一个自定义的 isolated_nw 网络管理下，这两个容器也可以相互通信；但是 container1 和 container3 属于不同的网络环境，所以这两个容器无法进行通信。

2. 容器地址查看

为了演示图 8-6 中不同容器之间的网络通信情况，这里需要先查看各个容器的网络地址。首先，进入 container2 容器，具体操作指令如下。

```
$ docker attach container2
```

然后，使用 ifconfig 指令查看当前容器被动态分配的 IP 地址，如图 8-7 所示。

```
shitou@shitou-virtual-machine: ~
shitou@shitou-virtual-machine:~$ docker attach container2
/ # ifconfig
eth0      Link encap:Ethernet  HWaddr 02:42:AC:11:00:03
          inet addr:172.17.0.3  Bcast:0.0.0.0  Mask:255.255.0.0
          inet6 addr: fe80::42:acff:fe11:3/64 Scope:Link
          UP BROADCAST RUNNING MULTICAST  MTU:1500  Metric:1
          RX packets:29 errors:0 dropped:0 overruns:0 frame:0
          TX packets:8 errors:0 dropped:0 overruns:0 carrier:0
          collisions:0 txqueuelen:0
          RX bytes:3583 (3.4 KiB)  TX bytes:648 (648.0 B)

eth1      Link encap:Ethernet  HWaddr 02:42:AC:12:00:02
          inet addr:172.18.0.2  Bcast:0.0.0.0  Mask:255.255.0.0
          inet6 addr: fe80::42:acff:fe12:2/64 Scope:Link
          UP BROADCAST RUNNING MULTICAST  MTU:1500  Metric:1
          RX packets:73 errors:0 dropped:0 overruns:0 frame:0
          TX packets:8 errors:0 dropped:0 overruns:0 carrier:0
          collisions:0 txqueuelen:0
          RX bytes:9111 (8.8 KiB)  TX bytes:648 (648.0 B)

lo        Link encap:Local Loopback
          inet addr:127.0.0.1  Mask:255.0.0.0
          inet6 addr: ::1/128 Scope:Host
          UP LOOPBACK RUNNING  MTU:65536  Metric:1
          RX packets:0 errors:0 dropped:0 overruns:0 frame:0
          TX packets:0 errors:0 dropped:0 overruns:0 carrier:0
          collisions:0 txqueuelen:1
          RX bytes:0 (0.0 B)  TX bytes:0 (0.0 B)

/ #
```

图8-7　容器的IP地址详情（1）

从图 8-7 可以看出，在 container2 容器内部有两个网卡 eth0 和 eth1（这就是使用了两种网络管理方式自动产生的），并分别对应的 IP 地址为 172.17.0.3 和 172.18.0.2。

接下来，分别进入容器 container1 和 container3，并通过 ifconfig 指令查看对应容器的 IP

地址，效果如图 8-8 所示。

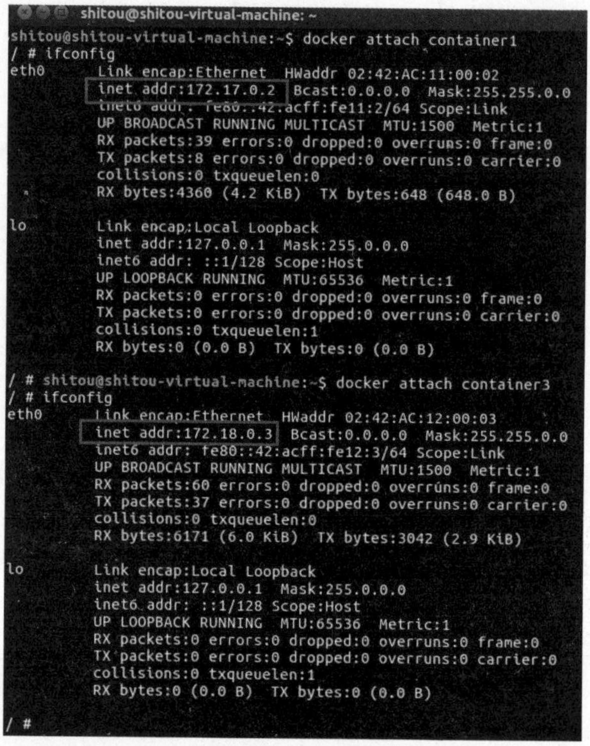

```
shitou@shitou-virtual-machine: ~
shitou@shitou-virtual-machine:~$ docker attach container1
/ # ifconfig
eth0      Link encap:Ethernet  HWaddr 02:42:AC:11:00:02
          inet addr:172.17.0.2  Bcast:0.0.0.0  Mask:255.255.0.0
          inet6 addr: fe80::42:acff:fe11:2/64 Scope:Link
          UP BROADCAST RUNNING MULTICAST  MTU:1500  Metric:1
          RX packets:39 errors:0 dropped:0 overruns:0 frame:0
          TX packets:8 errors:0 dropped:0 overruns:0 carrier:0
          collisions:0 txqueuelen:0
          RX bytes:4360 (4.2 KiB)  TX bytes:648 (648.0 B)

lo        Link encap:Local Loopback
          inet addr:127.0.0.1  Mask:255.0.0.0
          inet6 addr: ::1/128 Scope:Host
          UP LOOPBACK RUNNING  MTU:65536  Metric:1
          RX packets:0 errors:0 dropped:0 overruns:0 frame:0
          TX packets:0 errors:0 dropped:0 overruns:0 carrier:0
          collisions:0 txqueuelen:1
          RX bytes:0 (0.0 B)  TX bytes:0 (0.0 B)

/ # shitou@shitou-virtual-machine:~$ docker attach container3
/ # ifconfig
eth0      Link encap:Ethernet  HWaddr 02:42:AC:12:00:03
          inet addr:172.18.0.3  Bcast:0.0.0.0  Mask:255.255.0.0
          inet6 addr: fe80::42:acff:fe12:3/64 Scope:Link
          UP BROADCAST RUNNING MULTICAST  MTU:1500  Metric:1
          RX packets:60 errors:0 dropped:0 overruns:0 frame:0
          TX packets:37 errors:0 dropped:0 overruns:0 carrier:0
          collisions:0 txqueuelen:0
          RX bytes:6171 (6.0 KiB)  TX bytes:3042 (2.9 KiB)

lo        Link encap:Local Loopback
          inet addr:127.0.0.1  Mask:255.0.0.0
          inet6 addr: ::1/128 Scope:Host
          UP LOOPBACK RUNNING  MTU:65536  Metric:1
          RX packets:0 errors:0 dropped:0 overruns:0 frame:0
          TX packets:0 errors:0 dropped:0 overruns:0 carrier:0
          collisions:0 txqueuelen:1
          RX bytes:0 (0.0 B)  TX bytes:0 (0.0 B)

/ #
```

图8-8　容器的IP地址详情（2）

从图 8-8 可以看出，container1 的 IP 地址为：172.17.0.2，container3 的 IP 地址为：172.18.0.3。

小提示

当使用 docker attach 指令进入容器内部后，可以在终端使用 exit 命令或者使用快捷键 CTRL+p+q 组合键退出当前容器，只不过在使用 exit 退出容器后，该容器就会停止运行，而使用 CTRL+p+q 组合键退出当前容器后，该容器会持续运行。

3. 容器通信测试

首先，使用 docker attach container1 指令进入 container1 容器内部，使用 ping 指令连接 container3 来查看是否能够通信，效果如图 8-9 所示。

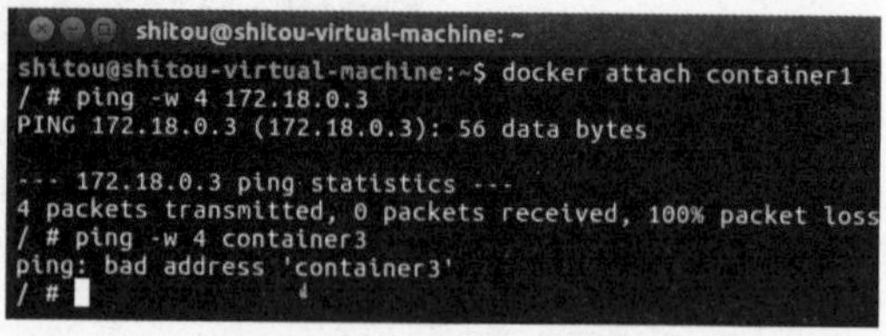

```
shitou@shitou-virtual-machine: ~
shitou@shitou-virtual-machine:~$ docker attach container1
/ # ping -w 4 172.18.0.3
PING 172.18.0.3 (172.18.0.3): 56 data bytes

--- 172.18.0.3 ping statistics ---
4 packets transmitted, 0 packets received, 100% packet loss
/ # ping -w 4 container3
ping: bad address 'container3'
/ #
```

图8-9　容器连接效果图（1）

从图 8-9 可以看出，在 container1 内部不管是使用“ping –w 4 IP”（–w 4 限制响应 4 次），还是“ping –w 4 容器名称”的指令都无法连通 container3。这也就验证了两个容器不在同一个网络环境下，无法通信的判断。

接着，使用 docker attach container2 指令进入 container2 容器内部，使用容器 IP 分别连接 container1 和 container3 进行通信测试，效果如

图 8-10 所示。

从图 8-10 可以看出，在 container2 内部使用"ping -w 4 IP"的指令可以同时连通 container1 和 container3，这也与前面的分析结果相同。

最后，再在 container2 容器内部使用容器名称分别连接 container1 和 container3 进行通信测试，效果如图 8-11 所示。

```
shitou@shitou-virtual-machine: ~
shitou@shitou-virtual-machine:~$ docker attach container2
/ # ping -w 4 172.17.0.2
PING 172.17.0.2 (172.17.0.2): 56 data bytes
64 bytes from 172.17.0.2: seq=0 ttl=64 time=0.268 ms
64 bytes from 172.17.0.2: seq=1 ttl=64 time=0.332 ms
64 bytes from 172.17.0.2: seq=2 ttl=64 time=0.151 ms
64 bytes from 172.17.0.2: seq=3 ttl=64 time=0.156 ms

--- 172.17.0.2 ping statistics ---
4 packets transmitted, 4 packets received, 0% packet loss
round-trip min/avg/max = 0.151/0.226/0.332 ms
/ # ping -w 4 172.18.0.3
PING 172.18.0.3 (172.18.0.3): 56 data bytes
64 bytes from 172.18.0.3: seq=0 ttl=64 time=0.646 ms
64 bytes from 172.18.0.3: seq=1 ttl=64 time=0.152 ms
64 bytes from 172.18.0.3: seq=2 ttl=64 time=0.151 ms
64 bytes from 172.18.0.3: seq=3 ttl=64 time=0.156 ms

--- 172.18.0.3 ping statistics ---
4 packets transmitted, 4 packets received, 0% packet loss
round-trip min/avg/max = 0.151/0.276/0.646 ms
/ #
```

图8-10　容器连接效果图（2）

```
shitou@shitou-virtual-machine: ~
shitou@shitou-virtual-machine:~$ docker attach container2
/ # ping -w 4 container1
ping: bad address 'container1'
/ # ping -w 4 container3
PING container3 (172.18.0.3): 56 data bytes
64 bytes from 172.18.0.3: seq=0 ttl=64 time=0.438 ms
64 bytes from 172.18.0.3: seq=1 ttl=64 time=0.220 ms
64 bytes from 172.18.0.3: seq=2 ttl=64 time=0.149 ms
64 bytes from 172.18.0.3: seq=3 ttl=64 time=0.145 ms

--- container3 ping statistics ---
4 packets transmitted, 4 packets received, 0% packet loss
round-trip min/avg/max = 0.145/0.238/0.438 ms
/ #
```

图8-11　容器连接效果图（3）

从图 8-11 可以看出，在 container2 内部使用"ping -w 4 容器名称"的指令可以连通 container3，而连接 container1 却显示"bad address 'container1'"错误。

通过前面的测试，我们可以得出一个结论：不同容器之间想要相互通信必须在同一个网络环境下；使用默认 bridge 网络管理的容器可以使用容器 IP 进行通信，但无法使用容器名称进行通信；而使用自定义网络管理的容器则同时可以使用容器 IP 和容器名称进行通信。

多学一招：默认网络下使用--link 参数通过容器名称进行通信

前面的示例已经演示说明了使用默认网络管理的容器无法使用容器名称进行通信，而单纯使用 IP 地址进行通信显然是不可靠的，因为多数情况下 IP 地址都是动态分配的，当容器重启后其他容器就无法正确连接到该容器了。若想要在默认网络下，使用容器名称进行通信，则需要使用--link 参数，该参数是在启动容器时进行容器连接使用的。

在默认网络下，使用--link 参数的具体指令如下。

```
$ docker run -itd --name=container4 --link container1:c1 busybox
```

执行上述指令后会新建并启动一个名为 container4 的容器，指令中的-itd 用于指定后台交互式运行，--name 用于指定生成容器的名称，而--link container1:c1 则将新建的 container4 容器连接到了 container1 容器且为 container1 容器定义了别名 c1。

这种使用--link 参数创建的默认网络下的容器就可以使用容器名称或别名与指定连接的容器进行通信了。所以这里容器 container4 可以使用容器名称 container1 或者别名 c1 与 container1 进行通信，但容器 container1 仍不可以使用容器名称与 container4 进行通信。

不过根据 Docker 官网的声明，--link 是属于 Docker 低版本遗留的功能，在未来可能会被弃用。这里只有容器需要在默认网络上使用容器名进行通信的情况，才会使用--link 功能，官方更推荐使用用户自定义的网络进行容器管理。

8.2 Docker Swarm 集群

上一节我们对 Docker 中的网络管理进行了讲解，同时也对非集群环境下基于 bridge 驱动的自定义网络的使用进行了演示说明，然而 Docker 中还涉及的另一种网络 overlay 必须在 Docker Swarm 集群环境下才能使用。所以，接下来的两个小节将针对 Docker Swarm 集群进行详细讲解。

8.2.1 Docker Swarm 概述

Docker Swarm 是一个用于创建和管理 Docker 集群的工具。Docker1.12 以及后续版本集成了 swarmkit 工具，该工具主要用于 Docker 集群管理和容器编排，因此，开发者可以不用安装额外的软件包，只需使用简单的命令就可以创建并管理 Docker swarm 集群。

Docker Swarm 集群的主要特点如下。

1. 方便创建和管理集群

Docker Swarm 是 Docker 源生的集群管理工具，可以直接使用 Docker 客户端来创建并管理一个 Docker Swarm 集群，然后在其中部署应用程序服务，而不需要额外的编配软件来创建或管理集群。

2. 可扩展

对于集群中的每个服务，都可以声明要运行的副本任务数量，当向上或向下进行扩展时，集群管理器将通过添加或删除副本任务来自动适应所需的状态。

3. 可实现期望的状态调节

集群管理器节点不断监视集群状态，并协调实际状态和所期望状态之间的任何差异。例如，如果启动一个服务的 10 个副本任务，当一个 Docker 节点承载其中两个副本崩溃时，那么管理器将创建两个新的副本来替换崩溃的副本。

4. 集群中多主机网络自动扩展管理

Docker Swarm 为集群服务提供了一个覆盖网络，当它初始化或更新应用程序时，集群管理器会自动将在工作节点创建或更新网络来管理服务。

5. 提供服务发现功能

集群管理器节点为集群中的每个服务分配一个唯一的 DNS 名称，通过 Docker Swarm 集群提供的负载均衡功能，可以通过嵌入在集群中的 DNS 服务器来查询集群中运行的每个容器。

6. 可实现负载均衡

可以将容器中服务的端口暴露给外部负载均衡器，而在内部，集群允许指定如何在节点之间分配服务容器。

7. 安全性强

集群中的每个节点强制使用 TLS 相互认证和加密，以确保自身和其他节点之间的通信安全。除此之外，集群还支持使用自定义的自签名证书来保证安全。

8. 支持延迟更新和服务回滚

在进行服务更新时，可以将服务更新逐步延伸到每个节点上，集群管理器允许服务部署到不同节点组之间时出现延迟，如果某个节点出现问题，还可以将服务回滚到以前的版本。

小提示

本书是直接使用 Docker 自带的 Docker Swarm 来讲解容器集群管理的，而该容器集群管理工具也是在 Docker1.12 版本才开始出现的，算是一种新型的容器集群管理工具，可以说是微服务架构等技术革新推动了 Docker 容器管理技术的发展。在此之前，比较成熟的容器集群管理工具有 Google 的开源系统架构 Kubernetes 和 Apache 下的分布式管理框架 Mesos 等。有兴趣的读者可以自行查阅相关资料进行学习。

8.2.2　Docker Swarm 使用

Docker Swarm 是 Docker 原生的，同时也是最简单、最易学、最节省资源的，本节将通过一个具体的示例来演示 Docker Swarm 集群的基本使用。

使用 Docker Swarm 集群的具体步骤如下。

1. 环境搭建

（1）准备 3 台 Ubuntu 系统主机（即用于搭建集群的 3 个 Docker 机器），每台机器上都需要安装 Docker 并且可以连接网络，同时要求 Docker 版本都必须是 1.12 及以上，因为老版本不支持 Docker Swarm。

（2）集群管理节点 Docker 机器的 IP 地址必须固定，集群中的所有节点都能够访问该管理节点。

（3）集群节点之间必须使用相应的协议并保证其以下端口号可用：

- 用于集群管理通信的 TCP 端口 2377；
- TCP 和 UDP 端口 7946，用于节点间的通信；
- UDP 端口 4789，用于覆盖网络流量。

为了进行本节示例的演示，此处按照要求在虚拟机中分别安装了 3 台使用 Ubuntu16.04 系统的机器，这三台机器的主机名称分别为 manager1（作为管理节点）、worker1（作为工作节点）和 worker2（作为工作节点），其 IP 地址分别如下。

```
manager1: 192.168.197.143
worker1: 192.168.197.144
worker2: 192.168.197.145
```

2. 创建 Docker Swarm 集群

（1）在名为 manager1 的 Docker 机器上创建 Docker Swarm 集群，具体操作指令如下。

```
$ docker swarm init --advertise-addr 192.168.197.143
```

执行上述指令后，Docker 就会自动在 IP 为 192.168.197.143 的机器上（也就是 manager1 机器上）创建一个 Swarm 集群，并将该 IP 地址的机器设置为集群管理节点。需要说明的是，如果只是测试单节点的集群，直接使用 docker swarm init 指令即可。

执行上述指令后，效果如图 8-12 所示。

执行创建指令后，如果出现图 8-12 中所示的信息，就表示 Docker Swarm 集群创建成功。从图 8-12 中可以看到，创建集群后显示了两条指令，这两条指令分别是在添加工作节点和管理节点时使用的。

（2）在管理节点上，使用 docker node ls 指令查看集群节点信息，效果如图 8-13 所示。

```
test1@test1-virtual-machine: ~
test1@test1-virtual-machine:~$ docker swarm init --advertise-addr 192.168.197.143
Swarm initialized: current node (z9kp1gcrjlhgruyugmaijcn4e) is now a manager.

To add a worker to this swarm, run the following command:

    docker swarm join --token SWMTKN-1-1ycomzfybfpjtcsiz7ny3ossylmfg9jz07kyjqrek0o3ryncyk-64fm06l4vv2knjbdtx8ez500c 192.168.197.143:2377

To add a manager to this swarm, run 'docker swarm join-token manager' and follow the instructions.

test1@test1-virtual-machine:~$
```

图8-12　Docker Swarm集群创建成功

图8-13　查看Docker Swarm集群节点信息

从图 8-13 可以看出，此时只创建了一个集群节点（默认为管理节点），而没有其他工作节点，因此只显示一条节点信息。

3. 向 Docker Swarm 集群添加工作节点

（1）启动另外两台 Docker 机器 worker1 和 worker2，分别打开终端窗口，执行向集群中加入工作节点的指令，具体操作指令如下。

```
$ docker swarm join --token SWMTKN-1-1ycomzfybfpjtcsiz7ny3ossylmfg9jz07kyjqrek0o3ryncyk-64fm06l4vv2knjbdtx8ez500c 192.168.197.143:2377
```

需要特别注意的是，上述指令中的--token 参数表示向指定集群中加入工作节点的认证信息。读者在进行学习时，一定要使用自己在前面创建 Docker Swarm 集群时返回的向集群中添加工作节点的指令，而不是直接使用本书中的指令。如果已忘记添加到 Docker Swarm 集群的指令，可以在集群管理节点上执行“docker swarm join-token worker”指令进行查看。

（2）再次在集群管理节点上使用 docker node ls 指令查看集群节点信息，效果如图 8-14 所示。

```
manager1@manager1: ~
manager1@manager1:~$ docker node ls
ID                            HOSTNAME    STATUS    AVAILABILITY    MANAGER STATUS
13vf8sjl7bnbtan3aodkoki8b     worker2     Ready     Active
86px5hgbry35amu8y62pydufv *   manager1    Ready     Active          Leader
jgycdmzcs5qk7nr5t9erw12lb     worker1     Ready     Active
manager1@manager1:~$
```

图8-14　Docker Swarm集群节点信息

从图 8-14 可以看出，集群节点列表中显示出了 1 个管理节点和 2 个工作节点，这说明 Swarm 集群搭建成功。

4. 向 Docker Swarm 集群部署服务

在 Docker Swarm 集群中部署服务时，既可以使用 Docker Hub 上自带的镜像来启动服务，也可以使用自己通过 Dockerfile 构建的镜像来启动服务。如果使用自己通过 Dockerfile 构建的镜像来启动服务那么必须先将镜像推送到 Docker Hub 中心仓库。

为了方便读者的学习，这里以使用 Docker Hub 上自带的 alpine 镜像为例来部署集群服务，具体操作指令如下。

```
$ docker service create --replicas 1 --name helloworld alpine ping docker.com
```

上述部署服务指令中各参数的具体说明如下。

- docker service create 指令：用于在 Swarm 集群中创建一个基于 alpine 镜像的服务。
- --replicas 参数：指定了该服务只有一个副本实例。

- --name 参数：指定创建成功后的服务名称为 helloworld。
- ping docker.com 指令：表示服务启动后执行的命令。

Docker Swarm 集群中的服务管理与容器操作基本类似，只不过服务管理指令是以“docker service”开头，而容器管理指令是以“docker container”开头。个别指令除外，如--replicas。

5. 查看 Docker Swarm 集群中的服务

（1）当服务部署完成后，在管理节点上可以通过 docker service ls 指令查看当前集群中的服务列表信息，具体操作指令如下。

```
$ docker service ls
```

（2）可以使用 docker service inspect 指令，查看部署的服务具体详情，具体操作指令如下。

```
$ docker service inspect helloworld
```

（3）可以使用 docker service ps 指令查看指定服务在集群节点上的分配和运行情况，具体操作指令如下。

```
$ docker service ps helloworld
```

6. 更改 Docker Swarm 集群服务副本数量

在集群中部署的服务，如果只运行一个副本，就无法体现出集群的优势，并且一旦该机器或副本崩溃，该服务将无法访问，所以通常一个服务会启动多个服务副本。

在管理节点 manager1 上，更改服务副本数量的指令如下。

```
$ docker service scale helloworld=5
```

更改完成后，就可以使用 docker service ps 指令查看这 5 个服务副本在 3 个节点上的具体分布和运行情况，效果如图 8-15 所示。

图8-15　Docker Swarm服务副本运行状态

从图 8-15 可以看出，helloworld 服务的 5 个副本实例被随机分配到了 manager1、worker1 和 worker2 这三个节点上运行，并且他们的状态都是 Running，表示服务正常运行。

需要说明的是，在集群环境下，服务副本是随机均衡分配到不同节点上的，读者在演示时可能与图中分配效果不同，但只要都正常运行即可。另外，由于有些镜像较大，所以其他工作节点在拉取镜像运行服务实例时可能需要一定的时间，这时该服务副本就会处于 Preparing 状态。

执行 docker service ps helloworld 指令查看服务的运行情况后，我们还可以在有服务副本分配的节点机器上使用 docker ps 指令查看任务运行情况。

7. 删除服务

对于不需要的服务，我们可以进行删除，具体操作指令如下。

```
$ docker service rm helloworld
```

在集群管理节点 manager1 上执行上述删除服务指令后（需要指定删除服务的名称），该服务就会在集群中彻底删除。

需要说明的是，执行上述指令删除服务后，在集群中有该服务副本运行的节点上，这些服务副本仍需要一定的时间清除，此时我们可以使用 docker ps 查看具体清除情况。

8. 访问服务

前面部署的服务都没有直接向外界暴露服务端口，外界也无法正常访问服务。接下来我们就通过自定义 overlay 驱动网络为例来讲解集群下的网络管理与服务访问，具体的实现过程如下。

（1）在集群管理节点 manager1 上，执行 docker network ls 指令查看网络列表，效果如图 8-16 所示。

```
manager1@manager1: ~
manager1@manager1:~$ docker network ls
NETWORK ID          NAME                DRIVER              SCOPE
3865abb1e784        bridge              bridge              local
e8ba63ce771d        docker_gwbridge     bridge              local
5b4dd323d579        host                host                local
xs896r1qk7av        ingress             overlay             swarm
a40d532f8369        none                null                local
manager1@manager1:~$
```

图8-16　查看Docker Swarm网络列表

从图 8-16 可以看出，与非集群环境下的 Docker 网络对比，Docker Swarm 集群网络列表中分别增加了一个以 bridge 和 overlay 为驱动的网络。在集群中发布服务时，如果没有指定网络，那么默认都是使用名为 ingress 网络连接的，而在实际开发中，则会使用自定义的 overlay 驱动网络进行服务管理。

（2）在集群管理节点 manager1 上，创建以 overlay 为驱动的自定义网络，具体操作指令如下。

```
$ docker network create \
  --driver overlay \
  my-multi-host-network
```

上述指令以 overlay 为驱动创建了一个名为 my-multi-host-network 的网络。

（3）在集群管理节点 manager1 上，再次部署服务，具体操作指令如下。

```
$ docker service create \
  --network my-multi-host-network \
  --name my-web \
  --publish 8080:80 \
  --replicas 2 \
  nginx
```

上述部署服务的指令中，--network 参数用于指定服务使用自定义的 overlay 驱动网络 my-multi-host-network 连接；--name 参数用于指定服务启动后的名称；--publish（也可以使用-p）参数用于映射对外服务端口；--replicas 参数用于指定该服务的副本数量；nginx 表示是基于 nginx 镜像构建的服务。

小提示

前面几步虽然只是在集群管理节点上创建了自定义的 overlay 驱动网络，但是当管理节点的任务分配到某个集群中的工作节点时，该工作节点会自动创建对应的自定义网络；而当在该工作节点上的任务被移除后，该自定义网络也会随之移除。

（4）在集群管理节点 manager1 上，使用 docker service ps my-web 指令查看服务的两个服务副本运行情况，结果如图 8-17 所示。

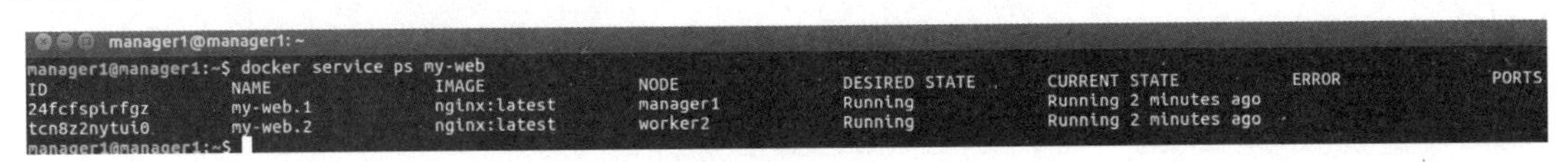

图8-17 Docker Swarm服务副本运行情况

从图 8-17 可以看出，该服务的两个副本任务被随机分配到了 manager1 和 worker2 两台节点机器上，并已正常运行。

需要注意的是，由于是随机分配，实际操作中的显示可能并不与图 8-17 中的完全相同，也可能会分配到其他两台节点机器上，如 worker1 和 worker2。

（5）外界访问服务

打开浏览器，使用任意一台节点机器的“IP+8080”端口进行服务访问，都可以正常显示，具体效果如图 8-18 所示。

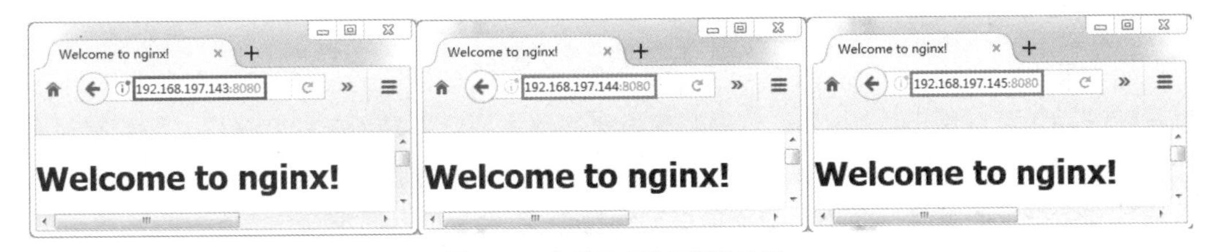

图8-18 使用节点进行服务访问

从图 8-18 可以看出，当在任意节点上访问服务时，都可以正常访问部署的服务。这是由于集群负载均衡器将请求路由到一个活动容器，从而实现容器内部服务的正常访问，这也体现出了 Docker Swarm 负载均衡这一特点。

8.3 Docker 数据管理

当我们对容器进行相关操作时，产生的一系列数据都会存储在容器中，而 Docker 内部又是如何管理这些数据的呢？本节将针对 Docker 数据管理的一些知识进行详细讲解。

8.3.1 Docker 数据存储机制

使用 Docker 时，我们操作的都是镜像和由镜像生成的容器，所以想要更好地了解 Docker 内部的数据存储机制，就必须从镜像、容器与数据存储的关系出发。

Docker 镜像是通过读取 Dockerfile 文件中的指令构建的，Dockerfile 中的每条指令都会创建一个镜像层，并且每层都是只读的，这一系列的镜像层就构成了 Docker 镜像。接下来以一个 Dockerfile 文件为例进行说明，具体如文件 8-1 所示。

文件 8-1 Dockerfile

```
1  FROM ubuntu:16.04
2  COPY . /app
3  RUN make /app
4  CMD python /app/app.py
```

文件 8-1 中的 Dockerfile 包含了 4 条指令，每条指令都会创建一个镜像层，其中每一层与前一层都有所不同，并且是层层叠加的。通过镜像构建容器时，会在镜像层上增加一个容器层（即可写层），所有对容器的更改都会写入容器层，这也是 Docker 默认的数据存储方式。

下面通过一个效果图进行说明，具体如图 8-19 所示。

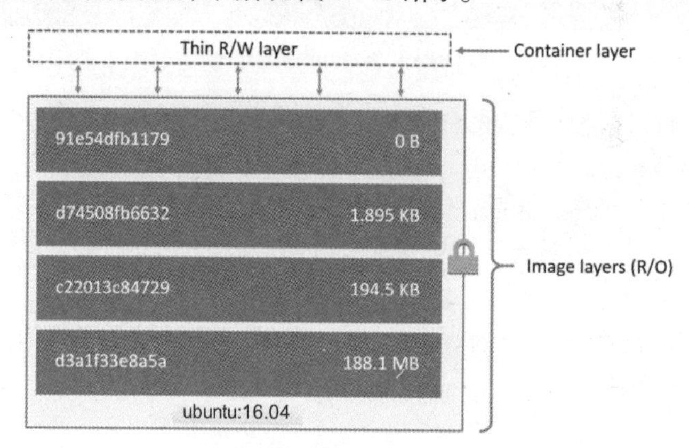

图8-19 Docker默认的数据存储方式

从图 8-19 可以看出，Docker 容器和镜像之间的主要区别是顶部的容器层，而所有对容器中数据的添加、修改等操作都会被存储在容器层中。当容器被删除时，容器层也会被删除，其中存储的数据会被一同删除，而下面的镜像层却保持不变。

由于所有的容器都是通过镜像构建的，所以每个容器都有各自的容器层，对于容器数据的更改就会保存在各自的容器层中。也就是说，由同一个镜像构建的多个容器，它们会拥有相同的底部镜像层，而拥有不同的容器层，多个容器可以访问相同的镜像层，并且有自己的独立数据状态。具体说明如图 8-20 所示。

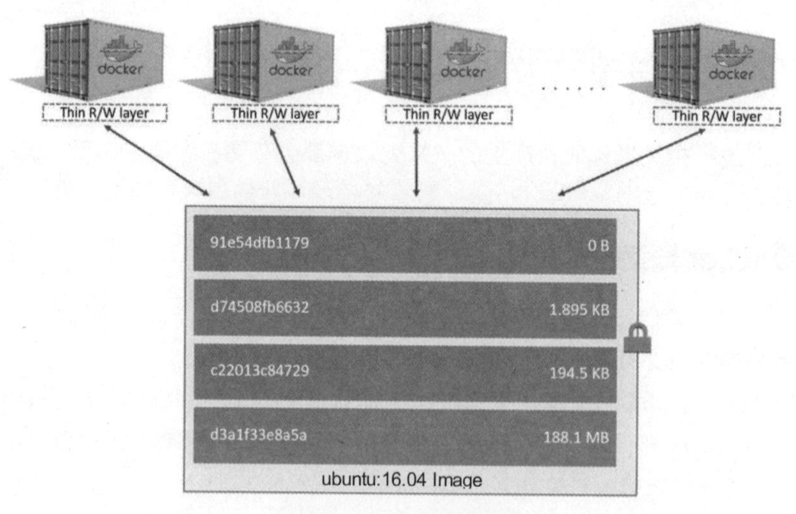

图8-20 Docker层级关系图

从图 8-20 可以看出，基于同一个镜像构建的多个容器可以共享该镜像层，但是多个容器想要共享相同的数据，就需要将这些数据存储到容器之外的地方，而这种方式就是下一节要提到的 Docker volume 数据外部挂载机制。

8.3.2　Docker 数据存储方式

在默认情况下，Docker 中的数据都是存放在容器层的，但是这样存储数据却有较多的缺陷，具体表现如下。

- 当容器不再运行时，容器中的数据无法持久化保存，如果另一个进程需要这些数据，那么将很难从容器中获取数据。
- 容器层与正在运行的主机紧密耦合，不能轻易地移动数据。
- 容器层需要一个存储驱动程序来管理文件系统，存储驱动程序提供了一个使用 Linux 内核的联合文件系统，这种额外的抽象化降低了性能。

基于上述种种原因，多数情况下 Docker 数据管理都不会直接将数据写入容器层，而是使用另一种叫做 Docker volume 数据外部挂载的机制进行数据管理。

针对 Docker volume 数据外部挂载机制，Docker 提供了三种不同的方式将数据从容器映射到 Docker 宿主机，它们分别为：volumes（数据卷）、bind mounts（绑定挂载）和 tmpfs mounts（tmpfs 挂载）。这三种数据管理方式的具体选择，需要结合实际情况进行考虑，其中的 volumes 数据卷是最常用也是官方推荐的数据管理方式。

无论选择使用哪种数据管理方式，数据在容器内看起来都一样的，而在容器外则会被被挂载到文件系统中的某个目录或文件中。

下面通过一张图来展示数据卷、绑定挂载和 tmpfs 挂载之间的差异，如图 8-21 所示。

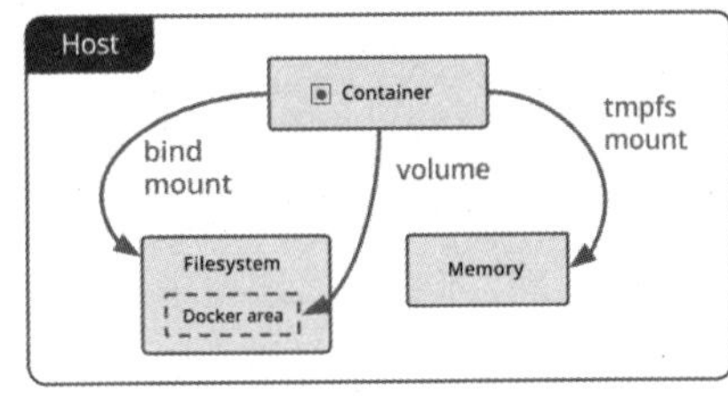

图8-21　Docker数据管理方式

从图 8-21 可以看出，Docker 提供的三种数据管理方式略有不同，具体分析如下。

- volumes：存储在主机文件系统中（在 Linux 系统下是存在于/var/lib/Docker/volumes/目录），并由 Docker 管理，非 Docker 进程无法修改文件系统的这个部分。
- bind mounts：可以存储在主机系统的任意位置，甚至可能是重要的系统文件或目录，在 Docker 主机或容器上的非 Docker 进程可以对它们进行任意修改。
- tmpfs mounts：只存储在主机系统的内存中，并没有写入到主机的文件系统中。

8.4　Volumes 数据卷管理

8.4.1　Volumes 数据卷的优势

虽然 Docker 数据外部挂载机制提供了三种数据管理方式，但在实际使用中，用到更多的是 Volumes 和 Bind mounts 这两种数据管理方式。这两种数据管理方式中，Volumes 完全由 Docker 管理的，是官方相对推荐的数据管理方式；而 Bind mounts 则要依赖于主机的目录结构。

与 Bind mounts（绑定挂载）相比，Volumes（数据卷）有以下几个优势。

- 数据卷比绑定挂载更容易备份和迁移。
- 可以使用 Docker CLI 指令或 Docker API 来管理数据卷。
- 在 Linux 和 Windows 容器上都可以使用数据卷。

• 在多个容器之间可以更安全的共享数据卷。

• 数据卷驱动器允许在远程主机或云提供商上存储数据卷，并且加密数据卷的内容或添加其他功能。

• 一个新数据卷的内容可以由一个容器预填充。

此外，在容器的可写层中，数据卷通常是持久化数据更好的选择，因为使用数据卷并不会增加使用容器的大小，而且数据卷的内容存在于给定容器的生命周期之外。如果我们的容器生成了非持久性状态的数据，那么可以考虑使用 tmpfs mounts（tmpfs 挂载），因为它可以避免永久存储数据，以及写入容器的可写层时增加容器的负担。

8.4.2 Volumes 数据卷使用

了解了数据卷的优势后，接下来就以数据卷为例来演示 Docker 如何进行数据管理。

1. 创建并管理数据卷

（1）创建数据卷

在 Docker 主机终端，通过 docker volume create 指令创建一个名为 my-vol 的数据卷，具体操作指令如下。

```
$ docker volume create my-vol
```

（2）查看数据卷

使用 docker volume ls 指令查看本地数据卷列表，具体操作指令如下。

```
$ docker volume ls
```

执行上述指令后，会列举出本地 Docker 机器上的所有数据卷，效果如图 8-22 所示。

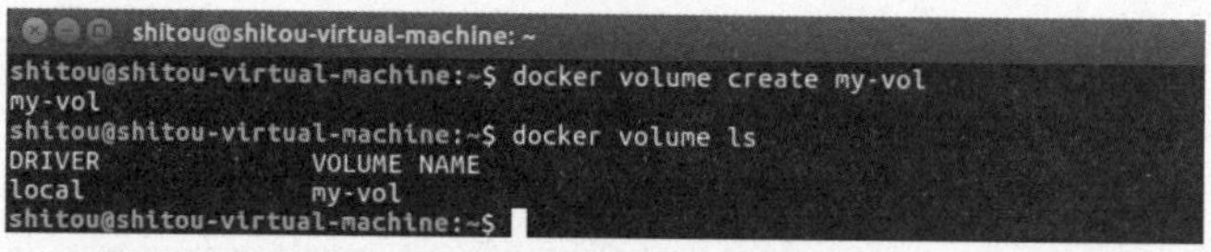

```
shitou@shitou-virtual-machine: ~
shitou@shitou-virtual-machine:~$ docker volume create my-vol
my-vol
shitou@shitou-virtual-machine:~$ docker volume ls
DRIVER              VOLUME NAME
local               my-vol
shitou@shitou-virtual-machine:~$
```

图8-22　列举数据卷

从图 8-22 可以看出，新创建的 my-vol 数据卷已经显示在本地 Docker 机器上，这说明数据卷创建成功。

（3）核查数据卷

使用 docker volume inspect 指令查看指定数据卷详情，具体操作指令如下。

```
$ docker volume inspect my-vol
```

执行上述指令后，会将名为 my-vol 的数据卷的详细信息展示出来，效果如图 8-23 所示。

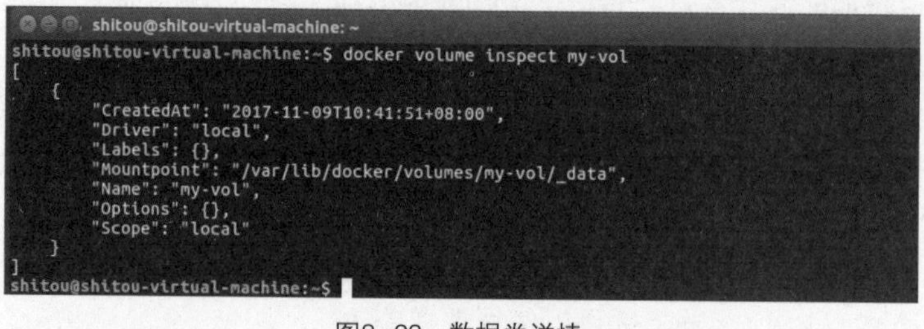

```
shitou@shitou-virtual-machine: ~
shitou@shitou-virtual-machine:~$ docker volume inspect my-vol
[
    {
        "CreatedAt": "2017-11-09T10:41:51+08:00",
        "Driver": "local",
        "Labels": {},
        "Mountpoint": "/var/lib/docker/volumes/my-vol/_data",
        "Name": "my-vol",
        "Options": {},
        "Scope": "local"
    }
]
shitou@shitou-virtual-machine:~$
```

图8-23　数据卷详情

（4）删除数据卷

当不再需要使用数据卷后，可以使用 docker volume rm 指令删除指定名称的数据卷，具体操作指令如下。

```
$ docker volume rm my-vol
```

执行上述指令后，会将名为 my-vol 的数据卷删除，当删除成功后会返回该数据卷名称。

2. 启动容器并加载数据卷

前面单独使用 docker volume 数据卷管理指令演示了数据卷的基本操作，接下来将结合具体的容器，来演示如何在容器创建时配置并管理 docker volume 数据卷。

（1）查看本机容器和数据卷

在 Docker 主机终端分别使用 docker ps –a 和 docker volume ls 指令查看本地 Docker 机器上存在的容器和数据卷，效果如图 8–24 所示。

图8–24　容器和数据卷列表

从图 8–24 可以看出，目前本地 Docker 主机上没有任何容器和数据卷。为了避免后续示例演示的干扰，如果机器上已经存在容器和数据卷，最好将已存在的容器和数据卷删除。

（2）确认查看本机 Docker 文件系统中的容器和数据卷

首先在 Docker 主机终端中将普通用户切换到 root 用户，然后进入“/var/lib/docker”目录，即 Docker 默认在本机上的文件系统目录，查看信息，效果如图 8–25 所示。

```
root@shitou-virtual-machine: /var/lib/docker
shitou@shitou-virtual-machine:~$ sudo su
root@shitou-virtual-machine:/home/shitou# cd /var/lib/docker
root@shitou-virtual-machine:/var/lib/docker# ll
总用量 48
drwx--x--x 12 root root 4096 11月  9 10:40 ./
drwxr-xr-x 70 root root 4096 11月  8 10:11 ../
drwx------  2 root root 4096 11月  8 10:11 builder/
drwx------  2 root root 4096 11月  9 10:48 containers/
drwx------  3 root root 4096 11月  8 10:11 image/
drwxr-x---  3 root root 4096 11月  8 10:11 network/
drwx------ 17 root root 4096 11月  9 10:48 overlay2/
drwx------  4 root root 4096 11月  8 10:11 plugins/
drwx------  2 root root 4096 11月  8 10:11 swarm/
drwx------  2 root root 4096 11月  9 10:40 tmp/
drwx------  2 root root 4096 11月  8 10:11 trust/
drwx------  2 root root 4096 11月  9 10:46 volumes/
root@shitou-virtual-machine:/var/lib/docker#
```

图8–25　文件系统目录

从图 8–25 可以看出，本地 Docker 机器的文件系统中包含了两个重要的文件目录，分别为 containers 和 volumes，这两个文件目录就是用于存放用户创建的容器和数据卷的。因为前面已经确认 Docker 机器上没有任何容器和数据卷，所以这两个文件目录是空的。

（3）启动容器并挂载数据卷

使用 docker run 指令创建并启动一个容器，同时挂载一个数据卷，具体操作指令如下。

```
$ docker run -d \
  -it \
  --name devtest \
  --mount source=myvol,target=/app \
  busybox:latest
```

也可以使用-v 参数挂载数据卷，具体操作指令如下。

```
$ docker run -d \
  -it \
  --name devtest2 \
  -v myvol:/app \
  busybox:latest
```

在上述两种指令中，首先通过 docker run 指令创建并启动一个容器，并指定创建容器的名称分别为 devtest 和 devtest2，然后分别通过--mount 和-v 两种参数来实现数据卷的挂载。这两个容器共享了同一个数据卷 myvol，并将该数据卷挂载到了各自容器中的 app 目录下。

上述指令中出现的两个新的参数--mount 和-v 参数，需要进一步说明，具体如下所示。

--mount 参数

由多个 key=value 形式的键值对组成，键值对之间由英文逗号分隔。--mount 参数语法比-v 更为详细，键的顺序可随意，标记的值也更容易理解。关于--mount 参数的键值说明具体如下。

- type（挂载的类型）：可以是 bind、volume 或 tmpfs。当前使用的是数据卷，因此类型是volume。
- source（挂载源）：对于命名的数据卷来说，这就是数据卷的名称，而对于匿名卷，该字段被省略，该字段可以用 source 或 src 表示。
- destination（挂载点）：就是将文件或目录挂载到容器中的具体路径，该字段可以用destination、dst 或 target 表示。
- readonly 参数，如果出现了该参数，则挂载到容器中的数据就表示是只读了。

-v（--volume 的缩写）参数

由三个字段组成，分别由冒号（:）分隔，字段必须以正确的顺序排列，而且每个字段的含义都特别明确。关于-v 参数的属性值的说明具体如下。

- 在命名卷的情况下，第一个字段是数据卷的名称，在给定的主机上是唯一的；对于匿名卷，将会省略第一个字段。
- 第二个字段是在容器中挂载数据的文件或目录的路径。
- 第三个字段是可选的，是一个逗号分隔的参数列表，如 ro（readonly，即只读）。

小提示

在 Docker 的早期版本中，-v（--volume 的缩写）标签用于独立容器，而--mount 标签则用于Swarm 群集服务，从 Docker17.06 开始，--mount 标签也用于独立容器。总的来说，--mount 标签更加明确和详细，这两种标签的最大区别在于-v 语法将所有参数组合在一个字段中，而--mount 语法将它们分开。针对数据管理中 Volumes 数据卷涉及的两个标签-v 和--mount 的选择，对于初学者来讲，更适合使用--mount，因为它更详细且容易理解；对于有一定经验的开发者来说，可能更习惯使用-v 标签，因为它更简洁。

需要注意的是，本小节讲解的是使用 Volumes 进行数据管理，不管是--mount source=myvol 还是-v myvol，前面第一个参数都是设置的数据卷名称。执行完指令后，会自动在 Docker文件系统的数据卷目录/var/lib/docker/volumes 下创建一个 myvol 子目录来保存数据。如果是使用 Bind mounts（绑定挂载）进行的数据管理，那么第一个参数就是宿主机保存数据的具体地址（如–v /src/myvolume/data:/app）。

（4）再次查看本机容器和数据卷列表

在 Docker 主机终端分别使用 docker ps –a 和 docker volume ls 指令查看本地 Docker 机器上存在的容器和数据卷，效果如图 8–26 所示。

```
shitou@shitou-virtual-machine: ~
shitou@shitou-virtual-machine:~$ docker ps
CONTAINER ID        IMAGE               COMMAND             CREATED             STATUS              PORTS               NAMES
997fa0b02dcf        busybox:latest      "sh"                8 minutes ago       Up 8 minutes                            devtest2
d8f0d9e3419c        busybox:latest      "sh"                11 minutes ago      Up 11 minutes                           devtest
shitou@shitou-virtual-machine:~$ docker volume ls
DRIVER              VOLUME NAME
local               myvol
shitou@shitou-virtual-machine:~$
```

图8–26　容器和数据卷列表

从图 8–26 可以看出，容器创建成功后自动加载了数据卷。值得一提的是，如果在创建容器时数据卷不存在，则 Docker 会自动创建。

（5）检查容器详情

在 Docker 主机终端使用 docker inspect 指令查看容器详情（主要查看数据挂载信息），效果如图 8–27 所示。

```
        "Mounts": [
            {
                "Type": "volume",
                "Name": "myvol",
                "Source": "/var/lib/docker/volumes/myvol/_data",
                "Destination": "/app",
                "Driver": "local",
                "Mode": "",
                "RW": true,
                "Propagation": ""
            }
        ],
```

图8–27　容器数据卷挂载信息

从图 8–27 可以看出，容器数据挂载了 Mounts 信息，其中包括挂载类型为 volume、数据卷名称为 myvol、数据在本地 Docker 机器上的对应存储地址、数据在容器中的对应地址 app 目录以及容器中的数据是可读写的（RW：true）等。

（6）再次确认本机 Docker 文件系统中的容器和数据卷

首先在 Docker 主机终端中将普通用户切换到 root 用户，然后进入/var/lib/docker 目录，然后分别进入 containers 容器文件目录和 volumes 数据卷文件目录查看内容，结果如图 8–28 所示。

```
root@shitou-virtual-machine: /var/lib/docker/volumes
root@shitou-virtual-machine:/var/lib/docker# cd containers/
root@shitou-virtual-machine:/var/lib/docker/containers# ll
总用量 16
drwx------  4 root root 4096 9月   8 10:14 ./
drwx--x--x 11 root root 4096 9月   8 08:48 ../
drwx------  4 root root 4096 9月   8 10:14 997fa0b02dcf5e4b4c71adc47f9ed35c1e38eabf0cbefe1fe7a4e1a18a8c6b10/
drwx------  4 root root 4096 9月   8 10:10 d8f0d9e3419cf92de777b3fdbbaa0963f7a8b9701e87395c7e2796cdd69f971c/
root@shitou-virtual-machine:/var/lib/docker/containers# cd ..
root@shitou-virtual-machine:/var/lib/docker# cd volumes/
root@shitou-virtual-machine:/var/lib/docker/volumes# ll
总用量 36
drwx------  3 root root  4096 9月   8 10:10 ./
drwx--x--x 11 root root  4096 9月   8 08:48 ../
-rw-------  1 root root 32768 9月   8 10:10 metadata.db
drwxr-xr-x  3 root root  4096 9月   8 10:10 myvol/
root@shitou-virtual-machine:/var/lib/docker/volumes#
```

图8–28　Docker机器容器和数据卷文件系统

从图 8–28 可以看出，新建的两个容器和数据卷已自动生成在本地 Docker 文件目录中。此时，如果我们将两个容器都删除，则本地 Docker 文件目录中的容器也会自动消失，但数据卷却可以保留，除非数据卷也被删除。

8.5 本章小结

本章主要讲解了 Docker 中的网络与数据管理。通过本章的学习，读者可以对 Docker 中的网络、数据管理以及 Docker Swarm 的基本知识有一定的了解，同时能够掌握 Docker 中自定义的网络管理和 Volumes 数据卷管理的具体使用。

【思考题】

1. 请简述 Docker 容器之间的网络通信规则。
2. 请简述 Docker volume 数据外部挂载机制提供的数据存储方式及区别。

9 Chapter

第 9 章 微服务项目的整合与测试

学习目标

- 掌握微服务项目的整合使用
- 掌握 Swagger-UI 的简单使用

通过前面章节的学习，我们已经掌握了微服务的概念、开发框架、服务发现与注册、API 网关以及部署等知识，但对于这些技术的认知也只停留在单个示例中。为了更好地学习微服务架构，本章将在前面章节的基础上，通过一个完整的微服务项目来讲解微服务项目的整合与测试。

9.1 微服务项目整合

在前面几个章节中，我们已经将微服务开发相关的知识都进行了讲解，本节将通过一个预先编写好的微服务项目来讲解微服务项目的整合。

9.1.1 微服务项目结构预览

本项目模拟的是一个简单的商城管理系统，其项目整体结构如图 9-1 所示。

```
microservice-eureka-server [boot]
microservice-gateway-zuul [boot]
microservice-mallmangement
    microservice-eureka-server
    microservice-gateway-zuul
    microservice-orderservice
    microservice-userservice
    pom.xml
microservice-orderservice [boot]
microservice-userservice [boot]
```

图9-1 项目整体结构

从图 9-1 可以看出，本项目通过一个名为 microservice_mallmanagement 的 Maven 父项目构建了四个子项目，关于这四个子项目的描述具体如下。

- microservice-eureka-server：用于服务注册发现。
- microservice-gateway-zuul：用于 API 网关。
- microservice-orderservice：用于订单管理服务。
- microservice-userservice：用于用户管理服务。

其中的 microservice-orderservice 和 microservice-userservice 就是我们实际需要开发的微服务项目，也是商城管理项目的核心，而另外的 microservice-eureka-server 和 microservice-gateway-zuul 子项目则属于辅助服务。

本商城项目只是编写了其中的用户和订单管理服务，实际开发中还会涉及到更多服务，例如后台管理服务、日志管理服务等。如果要添加其他服务，只需要参考用户或订单管理微服务项目在所开发的服务项目中添加相关的配置，并将服务注册到 Eureka 注册中心即可。

9.1.2 微服务项目功能介绍

上一小节已经对商城管理项目的结构进行了简单介绍，但具体的配置细节和功能还没有讲解，本节将针对这些子项目的配置和功能做进一步的说明。

1. microservice-eureka-server（Eureka 注册中心）

该子项目使用了 Spring Cloud 的组件 Eureka，主要用于搭建一个服务注册中心，microservice-gateway-zuul、microservice-orderservice 和 microservice-userservice 都将通过配置注册到该注册中心。

其对应的配置文件 application.yml 的具体内容，如文件 9-1 所示。

文件 9-1 application.yml

```
1  spring:
2    application:
3      name: eureka-server # 指定应用名称
4  server:
5    port: 8761
```

```
6  eureka:
7    client:
8      register-with-eureka: false
9      fetch-registry: false
10     service-url:
11       defaultZone: http://localhost:${server.port}/eureka/
12 #       上线测试需要使用以下配置，eureka-server 表示对应的服务名称
13 #       defaultZone: http://eureka-server:${server.port}/eureka/
```

在文件 9-1 中，配置了应用名称和服务端口，同时通过 Eureka 的相关配置指定了 Eureka 注册中心的地址为 http://localhost:${server.port}/eureka/（即 http://localhost:8761/eureka/），当部署到测试或线上环境时，需要根据上面注释中的提示信息进行地址更改。

2. microservice-gateway-zuul（Zuul API 网关）

该子项目使用了 Spring Cloud 的组件 Zuul，主要作为其他微服务项目的 API 网关，来实现其他微服务接口的动态代理。microservice-orderservice 和 microservice-userservice 微服务都可以使用 Zuul 网关服务进行代理请求。

其对应的配置文件 application.yml 的具体内容，如文件 9-2 所示。

文件 9-2　application.yml

```
1  spring:
2    application:
3      name: gateway-zuul # 指定应用名称
4  server:
5    port: 8050
6  eureka:
7    client:
8      #配置 Eureka 注册中心地址
9      serviceUrl:
10       defaultZone: http://localhost:8761/eureka/
11 #       上线测试需要使用以下配置
12 #       defaultZone: http://eureka-server:8761/eureka/
13 zuul:
14   ignoredServices: '*'
15   routes:
16     user-service:
17       path: /user-service/**
18       serviceId: user-service
19     order-service:
20       path: /order-service/**
21       serviceId: order-service
```

在文件 9-2 中，同样先配置了应用名称和服务端口，同时通过 Eureka 的相关配置将该 API 网关服务注册到了 Eureka 注册中心（这里需要注意当部署到测试或线上环境时，需要根据上面注释中的提示信息进行注册地址修改）。最后部分实现了 Zuul 的相关配置，分别配置了 serviceId 为 user-service 和 order-service 的两个应用的路径映射。

3. microservice-orderservice（订单管理微服务）

该子项目就是一个使用传统的 Spring Boot 框架开发的订单管理微服务项目，主要用于进行

商城订单管理，并提供有关订单管理的 RESTFUL 风格的 API 接口方法。

其对应的配置文件 application.yml 的具体内容，如文件 9-3 所示。

文件 9-3　application.yml

```
1  # 数据库配置
2  spring:
3    datasource:
4      driver-class-name: com.mysql.jdbc.Driver
5      url: jdbc:mysql://localhost:3306/microservice_mallmanagement
6  #    与 Docker 整合时可使用以下配置（也可以使用具体的 IP+端口）
7  #    url: jdbc:mysql://mysql:3306/microservice_mallmanagement
8      username: root
9      password: root
10   application:
11       name: order-service # 指定应用名称
12 server:
13   port: 7900 # 指定该 Eureka 实例的端口号
14 eureka:
15   client:
16     #配置 Eureka 注册中心地址
17     service-url:
18       defaultZone: http://localhost:8761/eureka/
19 #       上线测试需要使用以下配置
20 #       defaultZone: http://eureka-server:8761/eureka/
```

在文件 9-3 中，除配置了服务的应用名称、端口以及 Eureka 注册中心外，还额外增加了 MySQL 数据库的配置。微服务项目会根据具体需求配置各自不同的数据库，本书为了方便理解和学习都以 MySQL 数据库为例。

上述配置文件不仅要注意上线测试时需要修改 Eureka 注册中心配置，还需要注意 MySQL 数据库 url 的配置。如果 MySQL 数据库使用非 Docker 容器方式进行配置，那么 MySQL 数据库的 url 要修改为“MySQL 数据库服务的 IP+端口”的形式；如果是使用 Docker 容器启动的 MySQL 数据库服务，那么 MySQL 数据库的 url 要根据上面的提示修改为“MySQL 数据库的服务名称或容器名称+端口号”的形式。

该项目对应的控制器类 OrderController 的具体内容，如文件 9-4 所示。

文件 9-4　OrderController.java

```
1  ...
2  @RestController
3  @RequestMapping("/order")
4  public class OrderController {
5      @Autowired
6      private OrderMapper orderMapper;
7      @GetMapping(path="/findOrders/{userid}")
8      @HystrixCommand(fallbackMethod = "findOrderfallback") //熔断器
9      public List<Order> findOrder(@PathVariable("userid")Integer userid) {
10         List<Order> orders=  this.orderMapper.selectOrder(userid);
11         return  orders;
12     }
```

```
13     //针对上面熔断器发现的问题编写回调方法（参数和返回值要一样）
14     public List<Order> findOrderfallback(Integer userid) {
15         List<Order> orders =new ArrayList<>();
16         return orders;
17     }
18 }
```

从文件 9-4 可以看出，该订单管理项目的接口控制器类 OrderController 中只是简单地定义了一个根据 userid 查询订单集合的方法，同时该方法还通过@HystrixCommand 注解配置了 Spring Cloud 的熔断器 Hystrix，并编写了回调方法。

4. microservice-userservice（用户管理微服务）

该子项目也是一个传统的 Spring Boot 框架开发的用户管理微服务项目，主要用于进行商城用户管理，并提供有关用户管理的 RESTFUL 风格的 API 接口方法。

其对应的配置文件 application.yml 的具体内容，如文件 9-5 所示。

文件 9-5 application.yml

```
1  # 数据库配置
2  spring:
3    datasource:
4      driver-class-name: com.mysql.jdbc.Driver
5      url: jdbc:mysql://localhost:3306/microservice_mallmanagement
6  #    与 Docker 整合时可使用以下配置（也可以使用具体的 IP+端口）
7  #    url: jdbc:mysql://mysql:3306/microservice_mallmanagement
8      username: root
9      password: root
10   application:
11     name: user-service # 指定应用名称
12 server:
13   port: 8030 # 指定该 Eureka 实例的端口号
14 eureka:
15   client:
16     #配置 Eureka 注册中心地址
17     service-url:
18       defaultZone: http://localhost:8761/eureka/
19 #       上线测试需要使用以下配置
20 #       defaultZone: http://eureka-server:8761/eureka/
21 #客户端动态访问常量配置
22 ORDERSERVICEURL: http://order-service/
```

从文件 9-5 可以看出，用户管理微服务的配置和订单管理微服务的配置基本相同。除了服务名称和端口外，只是增加了一个 Spring Cloud 组件 Ribbon 提供的客户端负载均衡常量 ORDERSERVICEURL 的配置（原本是订单服务的 IP+端口号）。

该项目对应的控制器类 UserController 的具体内容，如文件 9-6 所示。

文件 9-6 UserController.java

```
1  ...
2  @RestController
3  @RequestMapping("/user")
4  public class UserController {
```

```
5      @Autowired
6      private RestTemplate restTemplate;
7      @Autowired
8      private UserMapper userMapper;
9      @Value("${ORDERSERVICEURL}")
10     private String ORDERSERVICEURL;
11     @GetMapping(path="/findOrders/{username}")
12     public List<Order> getOrderByUsername(@PathVariable("username")
13                                               String username) {
14         User user = this.userMapper.selectUser(username);
15         //使用 Ribbon 后，可以使用 http://order-service/而不用使用 IP+端口
16         ResponseEntity<List<Order>> rateResponse =
17                    restTemplate.exchange(ORDERSERVICEURL
18                    +"/order/findOrders/"+user.getId(),
19                    HttpMethod.GET, null,
20                    new ParameterizedTypeReference<List<Order>>(){});
21         List<Order> orders = rateResponse.getBody();
22         return orders;
23     }
24 }
```

从文件 9-6 可以看出，UserController 中也只是简单地定义了一个根据 username 查询订单集合的 getOrderByUsername()方法。执行方法时，会通过@Value 注解使用 Ribbon 客户端负载均衡的功能引入配置文件中订单微服务的常量值 ORDERSERVICEURL，然后在方法中先通过 username 查询出对应的 userid，然后使用 RestTemplate 的 exchange()方法远程调用订单管理微服务接口进行订单集合查询。

文件 9-6 中，RestTemplate 的 exchange()方法用于远程调用其他 RESTFUL 接口方法，并返回指定的对象集合。其方法的四个参数分别表示请求地址、请求方式、请求参数实体以及返回结果对象。

至此，商城管理系统的整体结构和子项目功能及主要配置就已介绍完毕。

9.1.3 微服务项目的启动和测试

商城管理系统的启动非常简单，只要运行各自的启动类即可。唯一需要注意的是，项目中的 microservice-gateway-zuul、microservice-orderservice 和 microservice-userservice 都注册到了 microservice-eureka-server 项目的服务注册中心上，所以必须先启动 microservice-eureka-server 项目，运行成功后才可启动其他三个子项目。

由于 microservice-orderservice（订单微服务）和 microservice-userservice（用户微服务）都涉及了 MySQL 数据库的连接使用，所以在启动这两个微服务项目之前必须先创建好对应的数据库和表，并初始化相关数据。

读者可以通过 MySQL 客户端连接工具（如 Navicat）执行 SQL 脚本文件来初始化数据库和表，SQL 脚本的内容如文件 9-7 所示。

文件 9-7　microservice_mallmanagement.sql

```
1  CREATE DATABASE microservice_mallmanagement;
2  USE microservice_mallmanagement;
```

```
3  DROP TABLE IF EXISTS `tb_order`;
4  CREATE TABLE `tb_order` (
5    `id` int(11) NOT NULL AUTO_INCREMENT,
6    `createtime` datetime DEFAULT NULL,
7    `number` varchar(255) DEFAULT NULL,
8    `userid` int(11) DEFAULT NULL,
9    PRIMARY KEY (`id`)
10 ) ENGINE=InnoDB AUTO_INCREMENT=3 DEFAULT CHARSET=UTF8;
11 INSERT INTO `tb_order` VALUES ('1', '2017-10-09 10:15:44',
12                              '201709181459001', '1');
13 INSERT INTO `tb_order` VALUES ('2', '2017-10-24 18:22:12',
14                              '201709181459008', '1');
15 DROP TABLE IF EXISTS `tb_user`;
16 CREATE TABLE `tb_user` (
17   `id` int(11) NOT NULL AUTO_INCREMENT,
18   `address` varchar(255) DEFAULT NULL,
19   `username` varchar(255) DEFAULT NULL,
20   PRIMARY KEY (`id`)
21 ) ENGINE=InnoDB AUTO_INCREMENT=2 DEFAULT CHARSET=UTF8;
22 INSERT INTO `tb_user` VALUES ('1', 'beijing', 'shitou');
```

在文件 9-7 中，创建了一个名为 microservice_mallmanagement 的数据库，同时在该数据库中分别创建 tb_order 和 tb_user 表，并插入了一些初始化数据。

完成全部子项目的启动并运行成功后，通过地址 http://localhost:8761/，即可访问 Eureka 服务注册中心，效果如图 9-2 所示。

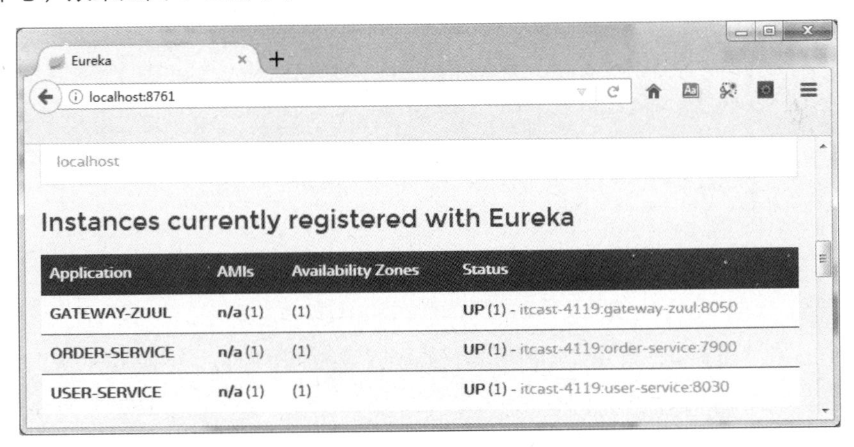

图9-2　Eureka注册中心

从图 9-2 可以看出，所有服务均已正常启动，并且其他的三个子项目都已正确注册到了 Eureka 注册中心。

启动成功后，即可对系统的功能进行测试，具体执行步骤如下。

（1）测试接口方法。分别通过 microservice-orderservice 和 microservice-userservice 两个微服务项目的地址来访问各自暴露的 API 接口方法（分别为 http://localhost:7900/order/findOrders/1 和 http://localhost:8030/user/findOrders/shitou）进行测试，效果分别如图 9-3 和图 9-4 所示。

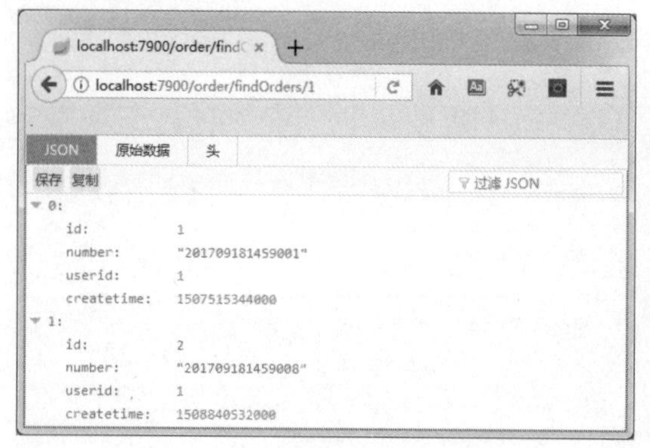

图9-3 订单管理微服务接口测试结果

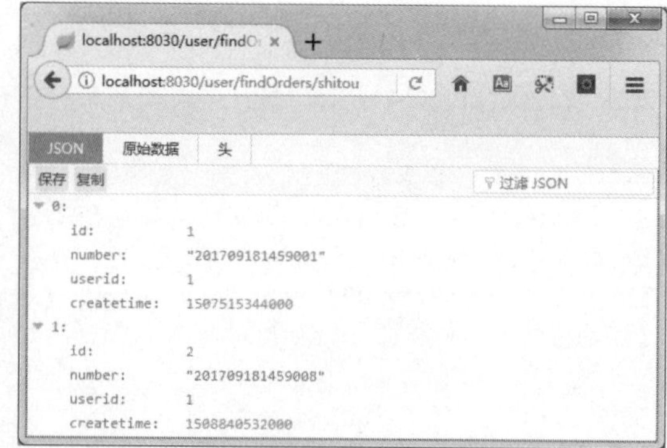

图9-4 用户管理微服务接口测试结果

以上两种微服务的接口调用方法是通过调用各自的服务地址和对应的 API 接口方法进行的测试。

（2）测试 API 网关服务。针对上面的 microservice-orderservice 和 microservice-userservice 两个微服务项目，可以通过 Zuul 组件提供的 API 网关进行对应的接口代理测试（代理访问地址分别为 http://localhost:8050/order-service/order/findOrders/1 和 http://localhost:8050/user-service/user/findOrders/shitou），效果分别如图 9-5 和图 9-6 所示。

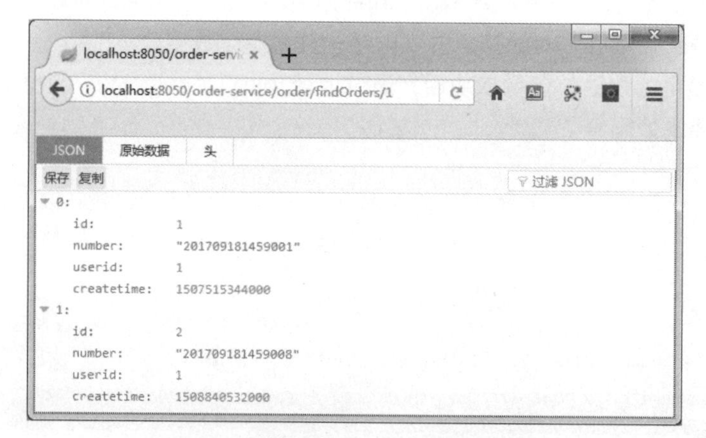

图9-5 订单管理微服务接口代理测试结果

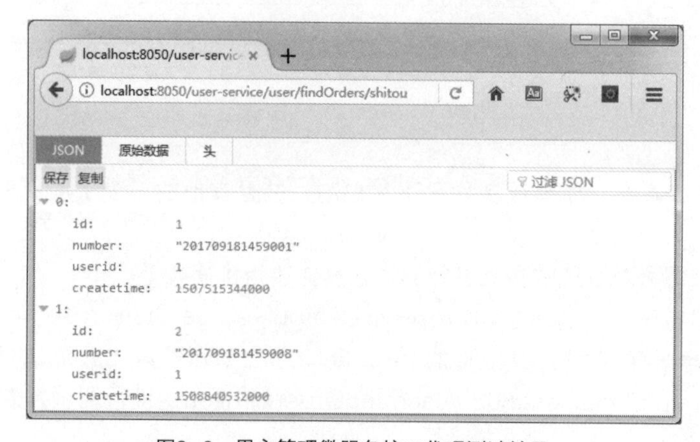

图9-6 用户管理微服务接口代理测试结果

从图 9-5 和图 9-6 的访问地址和显示结果可以看出，使用 Spring Cloud 的 Zuul 组件实现 API 网关服务时，只需要访问 microservice-gateway-zuul 的服务地址并连接其他微服务映射的路径即可访问其他注册到 Eureka 注册中心的服务。

至此，商城管理系统的整合和测试就已经讲解完成。如果读者想要查看整个项目的源码，可以通过 GitHub 进行下载查看，具体地址为 https://github.com/shi469391tou/microservice-mallmanagement.git。

9.2 接口可视化工具—Swagger-UI

微服务架构是面向服务的架构，在整个使用微服务架构搭建的项目中，服务数量众多，而每一个服务中又包括了一系列的 RESTFUL 风格的 API。无论是开发人员调用服务中的 API，还是测试人员在测试时，都需要知道服务中有哪些功能，以及如何获取服务中的 API。此时，我们就可以通过当前流行的接口可视化工具 Swagger-UI 来完成这项工作。本节将针对 Swagger-UI 工具的使用进行详细讲解。

9.2.1 Swagger-UI 使用方法

Swagger-UI 可以让任何人在不实现任何逻辑的情况下，以可视化的方式与后台服务端 API 接口方法进行交互。Swagger-UI 的配置不会污染其他业务代码，我们通过引入 Swagger-UI 的配置即可自动生成相应的可视化接口文档，来对项目中的接口进行测试，这极大地简化了客户端与服务端的访问，方便开发和测试人员使用。

Swagger-UI 官网以及其他开发者为其使用提供了多种配置方式，下面就以其中一种比较简单的配置方式进行讲解，具体步骤如下。

1. 下载 Swagger-UI 项目

从 GitHub 上拉取 Swagger-UI 项目代码，具体的地址如下。

```
https://github.com/swagger-api/swagger-ui.git
```

2. 引入 Swagger-UI

找到本地下载好的 Swagger-UI 项目，进入项目并找到 dist 目录，将整个 dist 目录复制到需要使用 Swagger-UI 工具项目的 resources 目录下。这里以 microservice-userservice 项目为例，效果如图 9-7 所示。

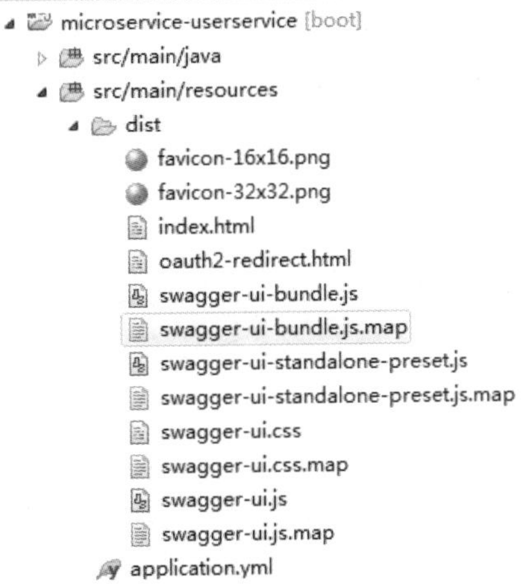

microservice-userservice [boot]
src/main/java
src/main/resources
dist
favicon-16x16.png
favicon-32x32.png
index.html
oauth2-redirect.html
swagger-ui-bundle.js
swagger-ui-bundle.js.map
swagger-ui-standalone-preset.js
swagger-ui-standalone-preset.js.map
swagger-ui.css
swagger-ui.css.map
swagger-ui.js
swagger-ui.js.map
application.yml

图9-7 复制dist目录

从图 9-7 可以看出，加入的 dist 目录中的文件主要就是一些 css、js 和 html 等文件，都是用来显示和渲染 Swagger-UI 工具页面的。

3. 加入 Swagger 依赖

在 microservice-userservice 项目的 pom 文件中加入 Swagger 的依赖，具体如下所示。

```
<dependency>
    <groupId>io.springfox</groupId>
```

```
        <artifactId>springfox-swagger-ui</artifactId>
        <version>2.2.2</version>
    </dependency>
    <dependency>
        <groupId>io.springfox</groupId>
        <artifactId>springfox-swagger2</artifactId>
        <version>2.2.2</version>
    </dependency>
```

4. 编写配置类

在项目中创建一个 Swagger-UI 的配置类 SwaggerConfiguration，并在该类中修改一些默认显示的 API 相关信息，其中最主要的是接口路径，编辑后如文件 9-8 所示。

文件 9-8　SwaggerConfiguration.java

```
1  package com.itheima.config;
2  import org.slf4j.Logger;
3  import org.slf4j.LoggerFactory;
4  import org.springframework.context.annotation.Bean;
5  import org.springframework.context.annotation.Configuration;
6  import org.springframework.http.ResponseEntity;
7  import org.springframework.util.StopWatch;
8  import springfox.documentation.service.ApiInfo;
9  import springfox.documentation.spi.DocumentationType;
10 import springfox.documentation.spring.web.plugins.Docket;
11 import springfox.documentation.swagger2.annotations.EnableSwagger2;
12 import java.util.Date;
13 import static springfox.documentation.builders.PathSelectors.regex;
14 @Configuration
15 @EnableSwagger2
16 public class SwaggerConfiguration {
17     //定义 API 接口映射路径
18     public static final String DEFAULT_INCLUDE_PATTERN = "/user/.*";
19     private final Logger log =
20         LoggerFactory.getLogger(SwaggerConfiguration.class);
21     @Bean
22     public Docket swaggerSpringfoxDocket() {
23       log.debug("Starting Swagger");
24       StopWatch watch = new StopWatch();
25       watch.start();
26       //用于生成对应 API 接口文档的描述信息，可省略
27       ApiInfo apiInfo = new ApiInfo("用户管理 API 接口测试文档","description",
28             "termsOfServiceUrl","contact","version","","");
29       Docket docket = new Docket(DocumentationType.SWAGGER_2)
30         .apiInfo(apiInfo)
31         .genericModelSubstitutes(ResponseEntity.class)
32         .forCodeGeneration(true)
33         .genericModelSubstitutes(ResponseEntity.class)
34         .directModelSubstitute(java.time.LocalDate.class, String.class)
35         .directModelSubstitute(java.time.ZonedDateTime.class, Date.class)
36         .directModelSubstitute(java.time.LocalDateTime.class, Date.class)
```

```
37          .select()
38          .paths(regex(DEFAULT_INCLUDE_PATTERN))//匹配路径生成对应接口文档
39          .build();
40        watch.stop();
41        log.debug("Started Swagger in {} ms", watch.getTotalTimeMillis());
42        return docket;
43      }
44  }
```

上述配置类中，通过 Docket 对象配置了一些 API 接口文档生成信息，并通过 build()方法生成对应的测试文档。其中配置的 ApiInfo 对象是用来在文档页面显示 API 接口描述信息的，可以省略；paths()方法用于匹配映射 microservice-userservice 项目中的以 "/user/" 开头的接口方法。

此处我们只是以 microservice-userservice 微服务为例展示了配置过程，而 microservice-orderservice 微服务项目配置 Swagger-UI 工具的方法与此相同，只需要更改 SwaggerConfiguration 类中的映射路径和 ApiInfo 信息即可。

9.2.2 Swagger-UI 使用测试

按照上一小节的配置步骤，分别完成微服务项目 microservice-userservice 和 microservice-orderservice 与 Swagger-UI 接口文档工具的整合后，只需要重新启动项目即可查看整合效果。

1. 整合测试

重新启动所有整合了 Swagger-UI 接口文档工具的微服务项目，启动成功后，通过对应 "服务地址 IP+端口+/swagger-ui.html" 请求路径即可进入测试页面，效果分别如图 9-8 和图 9-9 所示。

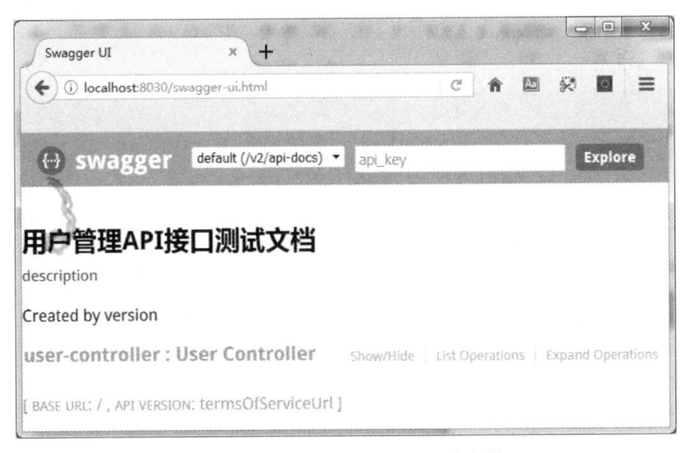

图9-8 用户管理API接口测试文档

从图 9-8 和图 9-9 可以看出，浏览器已显示出了 Swagger-UI 的测试页面，并且页面中分别列出了各自的接口控制器类 user-controller 和 order-controller，这就说明项目与 Swagger-UI 整合成功。

2. 接口测试

以用户管理 API 接口测试文档为例，先单击 user-controller 面板，会展示出接口中的所有方法（项目只有一个 GET 方法），再单击某个具体的方法会展示出详细信息，效果如图 9-10 所示。

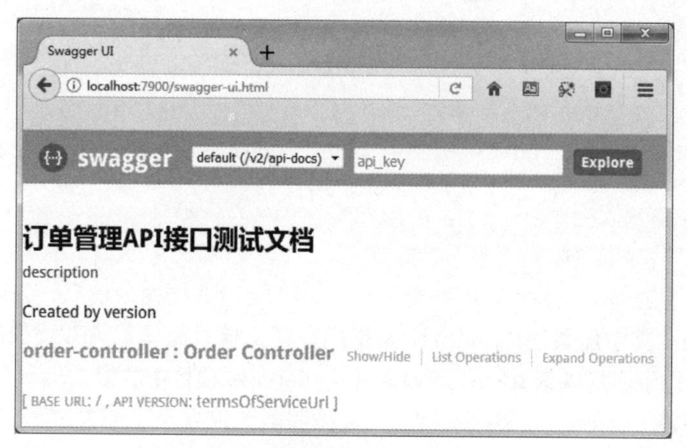

图9-9　订单管理API接口测试文档

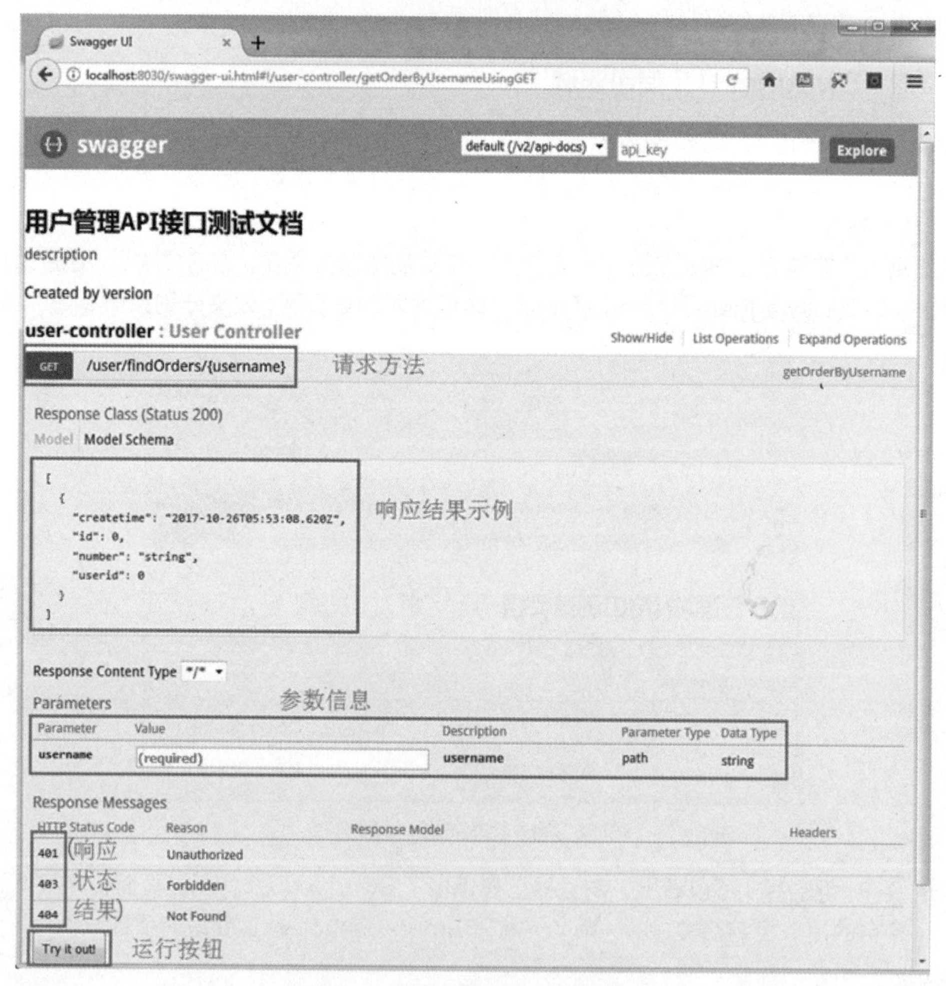

图9-10　用户管理API接口测试文档

从图 9-10 的标注信息可以很清楚地知道页面各部分信息的作用，我们主要关心的是具体的某个测试方法的参数。在参数信息输入框中填写 username 的参数值 shitou（之前 MySQL 数据库初始化时插入的数据），然后单击“Try it out!”按钮即可进行测试，结果如图 9-11 所示。

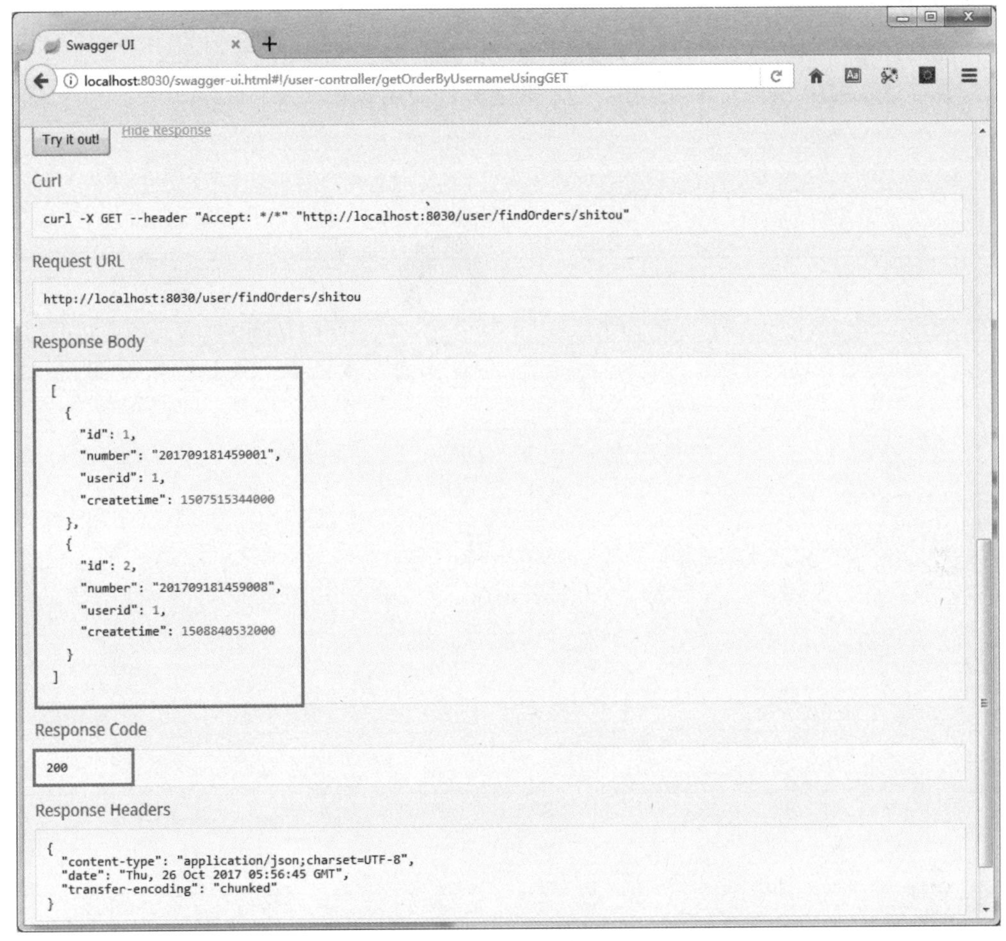

图9-11　接口测试结果

从图 9-11 可以看出，该方法正确查询出了 username 为 shitou 的用户订单信息，同时在结果上方还提供了另外的 Curl 和 URL 两种请求方式。如果项目的接口方法有所变更，只需要将对应服务重启，并刷新文档页面就会自动更新对应的方法。至此，接口测试工具 Swagger-UI 的具体配置以及与项目的整合使用就已经讲解完毕。

对 Swagger-UI 的使用感兴趣的读者可以根据需要自行与其他项目整合进行测试，也可以参考 Swagger-UI 官方文档提供的使用方式学习更多的内容，具体参考地址为 https://swagger.io/docs/swagger-tools/#swagger-ui-documentation-29。

9.3 本章小结

本章主要讲解了微服务项目的整合以及接口测试。通过本章的学习，读者可以对微服务项目的使用有进一步的认识，熟悉 Spring Boot 和 Spring Cloud 相关组件的整合开发，同时还可以掌握接口测试工具 Swagger-UI 的简单使用。

【思考题】

1. 请简述本书中 RestTemplate 对象的 exchange()方法的作用及参数含义。
2. 请简述本书中 Swagger-UI 接口可视化工具的使用方法。

Spring Boot+Spring Cloud+Docker

10 Chapter

第 10 章 微服务的部署

学习目标

- 掌握 Docker Compose 编排工具的使用
- 掌握微服务项目与 Docker 的整合方式
- 掌握微服务项目的部署方式

在上一章节中，我们已经对搭建好的微服务架构项目进行了具体描述，并集成 Swagger-UI 工具完成了微服务的接口测试。测试完成后，就可以将项目部署到 Docker 中运行了。本章将对微服务项目的与 Docker 的整合及部署的相关知识进行详细地讲解。

10.1 Docker Compose 编排工具

在正式介绍微服务项目如何部署在 Docker 中之前，有必要先对 Docker Compose 工具进行介绍。Docker Compose 工具能够很大程度上简化多容器项目的配置和部署，提高服务部署效率。接下来，本小节就对 Docker Compose 的作用和使用进行详细讲解。

10.1.1 Docker Compose 介绍

根据前面所学的知识可知，想要使用 Docker 部署应用，就要先在应用中编写 Dockerfile 文件来构建镜像。同样，在微服务项目中，我们也需要为每一个服务编写 Dockerfile 文件来构建镜像。构建完成后，就可以根据每一个镜像使用 docker run 或者 docker service create 命令创建并启动容器，这样我们就可以访问容器中的服务了。

虽然使用上述方式可以部署微服务项目，但考虑到微服务项目可能有多个子服务组成，并且每个服务启动过程中都需要配置额外的参数（如-e 配置环境变量、--network 指定网络等）。这种情况下，每次更新微服务后，都要手动运行指令来重新启动容器，这就显得相当麻烦了。针对这种多服务部署的情况，Docker 提供了 Docker Compose 编排工具来对多服务应用进行统一部署。

Docker Compose，俗称 Docker 编排工具，是用来定义和运行多容器应用的 Docker 工具。通过该编排工具，可以使用 yml（或 yaml）文件来配置应用程序服务，然后只需要一条简单的服务部署指令就可以从配置中创建并启动所有服务。

总之，对于简单的个别服务应用可以使用 Dockerfile 构建镜像，然后使用 docker run 或者 docker service create 命令启动容器服务；对于多容器服务（如微服务架构项目），最好使用 Docker Compose 编排工具进行统一管理。

10.1.2 Docker Compose 的安装与卸载

了解了 Docker Compose 编排工具的概念和作用后，本节将针对 Docker Compose 工具的安装与卸载进行详细讲解。

1. 安装条件

Docker Compose 是依赖于 Docker 引擎的，所以在安装 Docker Compose 之前要确保机器上已经安装了 Docker（可以使用 docker –v 指令查看）。

2. 安装 Compose

（1）使用 curl 命令从 GitHub 的 Compose 仓库拉取 Docker Compose，具体操作指令如下。

```
$ sudo curl -L https://github.com/docker/compose/releases/download/1.16.1/
docker-compose-`uname -s`-`uname -m` -o /usr/local/bin/docker-compose
```

执行上述指令后，就会从 GitHub 下载并安装 Docker Compose 工具，该过程需要耗时几分钟。从上述指令也可以看出，指定下载的 Docker Compose 版本为 1.16.1（本书编写时最新版本），读者可以根据实际情况选择下载对应的版本，各个版本的信息可参考地址 https://github.com/docker/compose/releases 查看。

（2）更改 Docker Compose 的可执行文件权限，具体操作指令如下。

```
$ sudo chmod +x /usr/local/bin/docker-compose
```

（3）查看安装的 Docker Compose 效果及版本，具体操作指令如下。

```
$ docker-compose --version
```

执行上述指令后就会返回安装后的 Docker Compose 版本信息，如果正常返回就表示安装成功，效果如图 10-1 所示。

```
shitou@shitou-virtual-machine:~$ sudo curl -L https://github.com/docker/compose/releases/download/1.16.1/docker-compose-`uname -s`-`uname -m` -o /usr
/local/bin/docker-compose
  % Total    % Received % Xferd  Average Speed   Time    Time     Time  Current
                                 Dload  Upload   Total   Spent    Left  Speed
100   617    0   617    0     0    360      0 --:--:--  0:00:01 --:--:--   360
100 8648k  100 8648k    0     0   113k      0  0:01:16  0:01:16 --:--:--  216k
shitou@shitou-virtual-machine:~$ sudo chmod +x /usr/local/bin/docker-compose
shitou@shitou-virtual-machine:~$ docker-compose --version
docker-compose version 1.16.1, build 6d1ac21
```

图10-1　Docker Compose安装效果

3. 卸载 Compose

按照上述步骤使用 curl 安装的 Docker Compose，可以使用 rm 指令来卸载，具体的使用方式如下。

```
$ sudo rm /usr/local/bin/docker-compose
```

至此，有关 Docker Compose 编排工具的安装与卸载就已经介绍完毕。当然，Docker 也提供了其他平台和方式来进行 Docker Compose 的安装和卸载，具体内容可以参考地址 https://docs.docker.com/compose/install/。

10.1.3　Compose file 文件的使用说明

Docker Compose 编排工具的使用非常简单，只需要如下三步。

（1）编写 Dockerfile 文件。使用 Dockerfile 定义应用程序的环境，这样可以在任何地方使用它，Dockerfile 的作用就是为每个服务构建镜像。

（2）定义 yml 文件（通常是 docker-compose.yml）。就是将前面介绍的服务部署指令及相关参数都统一在该文件中编写和配置，这样就省去了针对不同服务各自运行的麻烦。

（3）运行服务部署指令。根据具体的部署需求，来执行相应的部署指令，Docker 会读取 docker-compose.yml 文件内容启动整个应用服务。

在上述三步中，第一步中 Dockerfile 文件的编写已经在第 7 章有过讲解，而第三步的服务部署指令会在后面服务部署环节进行说明，所以现在需要掌握的就是如何编写 docker-compose.yml 文件。接下来，将针对 Compose file 文件的定义和配置进行详细讲解。

这里先通过一个 Compose file 文件的示例来进行展示说明，具体内容如文件 10-1 所示。

文件 10-1　docker-compose.yml

```
1  version: '3'
2  services:
3    web:
4      image: id/imagename:lable
```

```
5      restart: on-failure
6      container_name: my-web-container
7      ports:
8        - 8080:8080
9       networks:
10       - example-net
11     depends_on:
12       - db
13     deploy:
14       replicas: 2
15       restart_policy:
16         condition: on-failure
17   db:
18     image: mysql:5.6
19     restart: on-failure
20     container_name: my-mysql-container
21     ports:
22       - 3306:3306
23     volumes:
24       - example-mysql:/var/lib/mysql
25     networks:
26       - example-net
27     environment:
28       MYSQL_ROOT_PASSWORD: root
29       MYSQL_DATABASE: mysql_database
30     deploy:
31       replicas: 1
32       restart_policy:
33         condition: on-failure
34       placement:
35         constraints: [node.role == manager]
36 networks:
37   example-net:
38 volumes:
39   example-mysql:
```

针对文件 10-1 中的内容，先不用过多考虑细节描述，在总体上可以看到以下配置内容。

- version："3"表示文件是使用 3 版本的约束进行编写的。
- services：下面包含有 web 和 db 两个服务配置项，每一个服务配置项都有镜像 image、端口 ports、网络 networks 和部署 deploy 等配置信息，同时 web 服务配置依赖于 db 服务配置。
- networks（网络）和 volumes（数据卷）：在服务部署时会自动创建 example-net 网络和 example-mysql 数据卷。

结合上述示例进行整体介绍后，相信大家已经对 Compose file 文件的配置和样式已经有了一个初步的了解。下面将对 Compose file 文件中一些常用的配置进行更详细的解释，具体说明如下。

1. version（版本）

version 通常在一个 docker-compose.yml 文件的最顶部，用来表示文件内容的约束版本（类似于 XML 文件约束），本书编写时的最新版本为 3.3 版本。

2. services（服务）

services 用来声明服务，在 services 下的所有同缩进的应用名称都代表一个服务，如上面示例中的 web 和 db。在进行多服务部署的时候，有多少个服务需要同时部署，就需要在 services 参数下面声明并配置多少个服务。

3. image（镜像）

所有启动的服务都是依赖镜像构建的，所以每一个服务下面首先要声明依赖的镜像名称，一般都是 xxx/xxx:lable 的形式。如果是本地私有仓库镜像，一般为 IP:PORT/xxx:lable（如果省略了 lable 标签，则默认是 latest）的形式。

4. restart（重启策略）

restart 表示服务重启策略，在使用 Compose file 文件启动所有服务过程中，有些服务由于个别原因可能会启动失败。为了保证服务正常启动，需要使用该参数来确保服务重启（在集群环境下该属性会被忽略）。

restart 服务重启策略可以设为四个值，分别如下。

```
restart: "no"     #服务默认值为 no，即服务失败后没有任何动作
restart: always   #表示服务会一直重新启动
restart: on-failure   #表示服务提示失败错误后会重新启动
restart: unless-stopped   #表示只有服务在停止后才会重启
```

5. container_name（容器名称）

container_name 表示单个服务启动后的容器名称。在 3 版本以后，如果是在集群多实例环境下部署，该参数就会被忽略。

6. ports（端口）

ports 用于指定服务向外暴露的端口。Compose 支持多种形式的 ports 端口映射，在上面示例中使用了比较常规的端口映射方式（宿主机端口：容器端口）来暴露服务。

7. networks（网络）

networks 用于配置服务网络。在前面介绍 Docker 时，已经介绍过在进行服务部署时最好使用自定义网络，这里就可以使用 networks 参数。上面示例中指定了各个服务启动后的网络管理为 example-net，该网络会在服务启动时自动创建。

8. depends_on（服务依赖）

depends_on 表示多个服务之间的依赖关系，用来确定服务启动的先后顺序。针对该参数，需要特别注意以下两点。

- depends_on 决定了服务的依赖关系，如示例中的 web 依赖 db，所以 db 服务会先于 web 服务启动，但并不表示 db 服务完全启动成功后才启动 web 服务，它只决定启动的先后顺序而已。
- 在 3 版本中，depends_on 参数将会被忽略。

9. links（服务关联）

links 表示多个服务之间的相互访问关系，即可以通过服务名称或别名来访问关联的服务；同时也具有 depends_on 参数一样的服务依赖关系，即可以确定服务启动的先后顺序。针对该参数，也需要注意以下几点。

- 同 depends_on 一样，links 确定了服务的依赖关系，但它只决定服务启动的先后顺序而已。

- 如果同时定义了 links 和 networks 参数，使用 links 连接的服务必须有一个共同的网络。
- 在 3 版本中，links 参数也将会被忽略。

10. deploy（服务集群部署）

deploy 参数是 Docker Compose 针对 Swarm 集群部署提供的（在非集群环境下该参数及其子参数会被忽略）。该参数及其子参数专门用于指定与服务部署和运行相关的配置，并且该参数只有在 3 版本以及部署到 Swarm 集群时才会生效。

11. replicas（服务实例副本）

replicas 表示服务实例的副本数量。在 Swarm 集群环境下，为了实现服务器端的负载均衡，通常会将一个服务实例复制多个副本运行，如上述实例中的 web 服务就提供了 2 个副本。

12. restart_policy（重启策略）

restart_policy 参数同前面介绍的 restart 类似，都是用来配置服务重启策略的，只是该属性配置在 deploy 参数下，并只在集群环境下生效。该参数包含多个子属性及属性值，具体示例如下。

```
restart_policy:
  condition: on-failure #表示服务重启的条件，值有 none、on-failure 和 any
  delay: 5s  #表示重启服务之间等待时间，默认为 0
  max_attempts: 3  #表示失败后尝试重启的次数
  window: 120s   #表示等待多久来确定服务是否启动成功
```

13. placement（位置约束）

placement 用来配置指定位置的约束，当服务在 Swarm 集群环境下部署时会随机分配到管理节点和其他工作节点上。在上述示例中由于将 mysql 数据挂载到了本机 example-mysql 数据卷中，所以使用了 placement 的子参数 constraints: [node.role == manager]指定该服务只在 manager 管理节点上运行。

14. volumes（数据卷）

volumes 表示数据卷，就是将容器中的数据备份到宿主机地址（具体可回顾前面章节介绍的数据管理）。上述示例中是将 mysql 数据挂载到本地 example-mysql 数据卷中，如果该数据卷不存在，服务启动时也会默认创建。

15. environment（环境变量）

environment 用于配置服务启动时需要的环境变量，如上述示例中 MYSQL_ROOT_PASSWORD 表示数据库 root 用户的密码，MYSQL_DATABASE 表示数据库启动后自动创建的数据库。

至此，针对 Compose file 文件的主要配置参数就已经介绍完毕。在实际服务部署过程中，Compose file 文件只需要配置一些主要的参数即可。除了上述配置外，Compose file 还为我们提供了众多参数来满足各种配置需求，这里就不一一说明了，有兴趣的读者可以参考官网说明，具体地址为 https://docs.docker.com/compose/compose-file/。

10.2 微服务与 Docker 的整合

学习完 Docker Compose 编排工具的使用后，下面需要做的就是将微服务项目与 Docker

进行整合。本节将针对微服务与 Docker 整合的具体实现过程进行详细讲解。

微服务与 Docker 的整合过程大体可以分为以下 3 步。

1. 添加 Dockerfile 文件

在 Docker 中，应用都是部署在容器中的，而容器又由镜像生成，镜像则通常是通过 Dockerfile 文件构建的，所以微服务与 Docker 整合的第一步就是要提供 Dockerfile 文件。

第 9 章讲解整合时编写的微服务项目 microservice-mallmanagement 主要有 4 个子项目模块（包括 2 个微服务模块和 2 个辅助服务模块），我们需要针对每一个子项目模块编写对应的 Dockerfile 文件。这里以用户订单管理微服务模块为例，所编写的 Dockerfile 文件的具体内容如文件 10-2 所示。

文件 10-2　Dockerfile

```
1  FROM java:8-jre
2  MAINTAINER shirx <shirx@qq.com>
3  ADD ./target/microservice-userservice-0.0.1-SNAPSHOT.jar \
4       /app/microservice-userservice.jar
5  CMD ["java", "-Xmx200m", "-jar", "/app/microservice-userservice.jar"]
6  EXPOSE 8030
```

文件 10-2 中 Dockerfile 文件的内容非常简单，具体说明如下。

- 1～2 行设置了一个基础镜像 java:8-jre 来提供项目的运行环境，并通过 MAINTAINER 配置了该镜像的维护者信息。
- 3～4 行通过 ADD 命令将生成的项目 jar 包（在 target 目录下）复制到容器内部的 app 目录下，并重命名为 microservice-userservice.jar。
- 第 5 行通过 CMD 命令指定了由该镜像生成的容器的启动命令（其实就是 java –jar microservice-userservice.jar 启动 jar 包的命令）。
- 第 6 行通过 EXPOSE 指令指定容器暴露的端口号为 8030（跟项目配置文件 application. yml 中指定的端口相同）。

将上述 Dockerfile 文件直接放在项目的根目录即可，效果如图 10-2 所示。

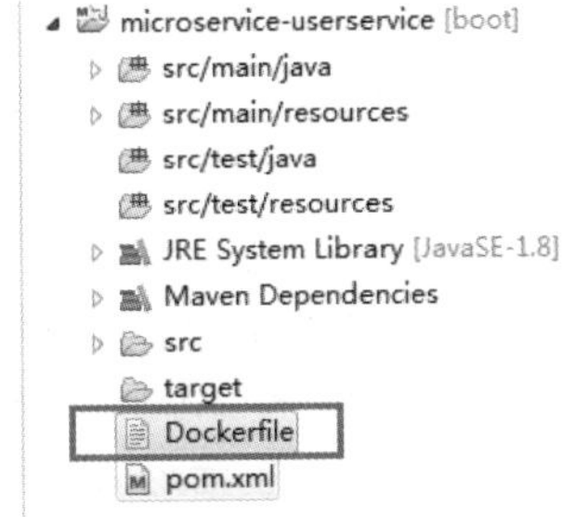

图10-2　将Dockerfile文件放在项目根目录的示意图

图 10-2 只是展示了用户管理微服务模块所需的 Dockerfile 文件，其他服务编写的 Dockerfile 文件与文件 10-2 基本相同，只需要将 Dockerfile 中的项目名称和版本号后缀，以及复制到容器内部的 JAR 包名称进行相应修改即可。

2. 添加 dockerfile-maven 插件

Dockerfile 文件编写完成后，就可以使用 Docker 的相关指令构建镜像并运行容器，然后访问容器中的应用了。只是上述所有的操作都是手动完成的，如果需要部署多个服务，将会非常麻烦。

针对这种情况，MAVEN 提供了一个 dockerfile-maven-plugin 插件，很好地支持了与 Docker 的整合。该插件的使用非常简单，只需要在所有需要生成 Docker 容器项目的 pom 文件中添加该插件，并进行一些相关配置即可，其具体使用示例如下。

```
<build>
    <plugins>
        <plugin>
```

```
                <groupId>com.spotify</groupId>
                <artifactId>dockerfile-maven-plugin</artifactId>
                <version>1.3.6</version>
                <configuration>
                    <!-- 生成的镜像名称 -->
                    <repository>
                        ${docker.image.prefix}/${project.artifactId}
                    </repository>
                    <!-- 生成的镜像版本 -->
                    <tag>${project.version}</tag>
                    <!-- 推送到私有镜像仓库或者 DockerHub 时需要开启用户认证 -->
                    <useMavenSettingsForAuth>true</useMavenSettingsForAuth>
                </configuration>
                <!-- 直接使用 mvn install 命令打包项目，就会自动构建并推送镜像 -->
                <executions>
                    <execution>
                        <id>default</id>
                        <phase>install</phase>
                        <goals>
                            <goal>build</goal>
                            <goal>push</goal>
                        </goals>
                    </execution>
                </executions>
            </plugin>
        </plugins>
    </build>
    <properties>
        <!--  配置镜像前缀（就是仓库服务地址） -->
        <docker.image.prefix>192.168.197.143:5000</docker.image.prefix>
    </properties>
```

上述 dockerfile-maven-plugin 插件的配置及作用如下。

- 通过<plugin>标签添加了一个版本为 1.3.6 的 dockerfile-maven-plugin 插件。
- 分别使用<repository>和<tag>标签配置了生成的镜像名称和标签。其中${docker.image.prefix}用于指定镜像前缀（需要继续配置），${project.artifactId}用于将项目名称指定为镜像名称；${project.version}用于将项目版本指定为镜像版本。
- 使用<useMavenSettingsForAuth>标签开启仓库用户认证。生成的镜像不管是推送到 DockerHub，还是本地私有镜像仓库，都必须先登录认证并通过后才可推送。该标签的作用就是在使用 maven 插件的时候开启用户认证（本地未创建认证的私有仓库或者后续手动推送镜像则不需要配置此标签）。
- 在<execution>标签中分别使用<phase>和<goals>子标签配置了 mvn 的执行命令和自动化动作。其中上述配置表示在使用 mvn install 执行打包项目时，会先进行打包，然后自动执行镜像构建和镜像推送任务，这种配置方式可以很好地完成项目与 Docker 的自动化整合工作（如果想要手动构建和推送镜像则可以去除<executions>标签）。
- 在<properties>标签中使用<docker.image.prefix>子标签配置了生成的镜像前缀（也就是

本地私有仓库地址），来为${docker.image.prefix}赋值。

上述配置文件指定了<docker.image.prefix>标签（即镜像仓库前缀），这里使用的地址 192.168.197.143:5000 就是第 8 章介绍 Docker Swarm 集群时搭建的 Docker 机器 manager1 中的私有仓库地址，后续项目将在该集群上进行部署。

上述 dockerfile-maven-plugin 插件的配置，需要在 microservice-mallmanagement 项目的 4 个子项目模块的 pom 文件中分别添加，并且无需任何更改。

3. 添加 docker-compose.yml 编排文件

对于个别项目，可以直接通过 Docker run 等指令启动容器服务，但对于多个项目服务来说，有必要通过 Docker compose 编排工具运行服务。

接下来，就为 microservice-mallmanagement 添加一个 docker-compose.yml 编排文件，以便后续使用 Docker compose 编排工具，具体如文件 10-3 所示。

文件 10-3 docker-compose.yml

```
1  version: "3"
2  services:
3    mysql:
4      image: mysql:5.6
5      restart: on-failure
6      ports:
7        - 3306:3306
8      volumes:
9        - microservice-mysql:/var/lib/mysql
10     networks:
11       - microservice-net
12     environment:
13       MYSQL_ROOT_PASSWORD: root
14       MYSQL_DATABASE: microservice_mallmanagement
15     deploy:
16       replicas: 1
17       restart_policy:
18         condition: on-failure
19       placement:
20         constraints: [node.role == manager]
21   eureka-server:
22     image: 192.168.197.143:5000/microservice-eureka-server:0.0.1-SNAPSHOT
23     restart: on-failure
24     ports:
25       - 8761:8761
26     networks:
27       - microservice-net
28     deploy:
29       replicas: 1
30       restart_policy:
31         condition: on-failure
32   gateway-zuul:
33     image: 192.168.197.143:5000/microservice-gateway-zuul:0.0.1-SNAPSHOT
34     restart: on-failure
```

```
35      ports:
36        - 8050:8050
37      networks:
38        - microservice-net
39      depends_on:
40        - eureka-server
41      deploy:
42        replicas: 1
43        restart_policy:
44          condition: on-failure
45        placement:
46          constraints: [node.role == manager]
47    order-service:
48      image: 192.168.197.143:5000/microservice-orderservice:0.0.1-SNAPSHOT
49      restart: on-failure
50      ports:
51        - 7900:7900
52      networks:
53        - microservice-net
54      depends_on:
55        - mysql
56        - eureka-server
57      deploy:
58        replicas: 2
59        restart_policy:
60          condition: on-failure
61    user-service:
62      image: 192.168.197.143:5000/microservice-userservice:0.0.1-SNAPSHOT
63      restart: on-failure
64      ports:
65        - 8030:8030
66      networks:
67        - microservice-net
68      depends_on:
69        - mysql
70        - eureka-server
71      deploy:
72        replicas: 2
73        restart_policy:
74          condition: on-failure
75     visualizer:
76       image: dockersamples/visualizer:stable
77       ports:
78         - 8081:8080
79       networks:
80         - microservice-net
81       volumes:
82         - /var/run/docker.sock:/var/run/docker.sock
83  networks:
84    microservice-net:
```

```
85 volumes:
86   microservice-mysql:
```

在文件 10-3 中，提供了 6 个启动服务，除包含了 microservice-mallmanagement 项目自带的 eureka-server、gateway-zuul、order-service 和 user-service4 个子项目外，还包含了 mysql 数据库服务和 visualizer 集群环境下可视化工具服务。这些服务都是通过 networks 配置了一个指定的名称为 microservice-net 的自定义网络（服务部署时会自动创建该网络），服务之间可以通过该网络实现通信。

需要注意的是，构建服务的镜像名称要与微服务整合时生成的镜像名称一致，否则无法找到指定镜像来启动服务。

至此，微服务项目与 Docker 的整合配置就已经完成，剩下的就是如何将项目进行打包，并通过 Docker 进行部署了，下面两个小节将对这些内容进行详细讲解。

10.3 环境搭建以及镜像准备

前面小节已经完成了微服务与 Docker 的整合工作，但想要正式部署服务，还需要选择服务器、搭建部署环境以及构造服务镜像等一系列的准备工作。本节将针对服务部署的环境搭建，以及镜像构建进行详细讲解。

10.3.1 环境搭建

1. 搭建 Docker 主机

要将微服务项目运行在 Docker 中，首先必须保证运行环境安装了 Docker 引擎，这里我们就选用前面第 8 章中的 8.2 小节搭建的名为 manager1 的 Docker 机器，作为本次微服务部署的主机，同时也是集群环境下的管理节点，而另两台名为 worker1 和 worker2 的 Docker 机器仍作为集群环境下的工作节点（在实际开发中，Docker Swarm 集群可能会涉及更多的工作节点，并且会设置多个管理节点）。

需要说明的是，此次演示为了方便查看和管理，在 manager1 服务主机上搭建了本地私有镜像仓库，其仓库服务地址为 192.168.197.143:5000，这与前面项目配置和整合文件编写的镜像前缀地址都是一致的，否则无法推送到指定仓库。关于本地私有仓库的搭建，此处不再做详细说明，具体内容可以参考第 7 章中 7.4.4 小节介绍的 Docker Registry 本地私有仓库配置。

2. 安装应用编译工具 JDK

在使用 mvn install 命令过程中，需要使用 JDK 进行编译打包，所以这里需要预先安装配置好 JDK 环境。具体的配置过程如下。

（1）下载 Linux 版本的 JDK 工具包，本书使用的是 jdk-8u144-linux-x64.tar.gz 版本，并在 Linux 机器上使用 tar 命令进行解压，具体操作指令如下。

```
$ sudo tar -zxvf jdk-8u144-linux-x64.tar.gz
```

（2）将执行上述解压指令后产生的解压包移动到自定义目录下（这里将解压包直接移动到了 /usr/lib/jvm 目录下，如果不存在，要先创建该目录），具体操作指令如下。

```
$ sudo mv jdk1.8.0_144/ /usr/lib/jvm
```

（3）配置 JDK 环境变量。修改/etc/profile 文件，在 profile 文件中添加以下配置（注意 JDK 解压包名称和版本号）。

```
#set java environment
export JAVA_HOME=/usr/lib/jvm/jdk1.8.0_144/
export JRE_HOME=${JAVA_HOME}/jre
export CLASSPATH=.:${JAVA_HOME}/lib:${JRE_HOME}/lib
export PATH=${JAVA_HOME}/bin:$PATH
```

完成有关 JDK 的环境配置后，可以执行 source /etc/profile 指令使配置立即生效。我们可以使用 java -version 命令查看安装后的效果。

3. 安装应用打包工具 Maven

在前面介绍微服务与 Docker 整合配置时就已经说明，此次整合部署是通过 Maven 的 install 命令自动执行打包、镜像构建和推送的，所以在此必须先要安装并配置好 Maven。其具体配置过程如下。

（1）下载 Linux 版本的 Maven 工具包，本书使用的是 apache-maven-3.5.0-bin.tar.gz 版本，并在 Linux 机器上使用 tar 命令进行解压，具体操作指令如下：

```
$ sudo tar -zxvf apache-maven-3.5.0-bin.tar.gz
```

（2）将执行上述解压命令后产生的解压包移动到自定义目录下（这里将解压包直接移动到了 opt 目录下），具体操作指令如下：

```
$ sudo mv apache-maven-3.5.0/ /opt
```

（3）配置 Maven 环境变量。修改/etc/profile 文件，在 profile 文件中添加以下配置（注意 Maven 解压包名称和版本号）：

```
#set maven envirment
export M2_HOME=/opt/apache-maven-3.5.0/
export M2=$M2_HOME/bin
export MAVEN_OPTS="-Xms256m -Xmx512m"
export PATH=$M2:$PATH
```

完成有关 Maven 的环境配置后，同样可以执行 source /etc/profile 指令使配置立即生效，然后通过 mvn -v 命令查看安装配置后的 Maven 信息，具体效果如图 10-3 所示。

```
manager1@manager1:~
manager1@manager1:~$ source /etc/profile
manager1@manager1:~$ mvn -v
Apache Maven 3.5.0 (ff8f5e7444045639af65f6095c62210b5713f426; 2017-04-04T03:39:06+08:00)
Maven home: /opt/apache-maven-3.5.0
Java version: 1.8.0_144, vendor: Oracle Corporation
Java home: /usr/lib/jvm/jdk1.8.0_144/jre
Default locale: zh_CN, platform encoding: UTF-8
OS name: "linux", version: "4.4.0-97-generic", arch: "amd64", family: "unix"
manager1@manager1:~$
```

图10-3 Maven和JDK安装效果

从图 10-3 可以看出，指定版本的 Maven 和 JDK 都已正确显示，这表明 JDK 和 Maven 都已安装成功。

需要注意的是，执行 source /etc/profile 指令后，只会使当前终端窗口可以正确地查看配置信息，而其他窗口仍可能会显示未安装。要使配置在所有终端窗口中都可以查看，需要重启机器来验证。

10.3.2　镜像准备

由于之前 10.2 小节中 dockerfile-maven 的配置，在完成打包后也会自动构建镜像并推送到指定仓库，但无论是推送到 Docker Hub 还是本地私有镜像仓库，必须先登录认证才可进行推送。所以为了能够自动打包、构建镜像和推送镜像，在使用 mvn install 命令打包之前，除了需要预先在 dockerfile-maven 插件配置中配置<useMavenSettingsForAuth>标签属性值为 true 外，还需要在 Maven 的 settings.xml 配置文件（参考上一小节基础环境搭建时 Maven 的安装位置，此示例中的地址为/opt/apache-maven-3.5.0/conf/settings.xml）中配置服务认证信息，具体配置内容如下（注意要配置在<servers>标签内）。

```
<server>
  <id>192.168.197.143:5000</id>
  <username>shitou</username>
  <password>123</password>
</server>
```

读者在配置上述服务认证信息时，注意修改自己本地私有仓库的地址 id 以及登录认证用户的用户名和密码。

配置完成后，就可以将微服务项目 microservice-mallmanagement 复制到 manager1 服务主机的某个工作目录下，并进入到该项目 pom 文件所在位置（最外层的 pom 文件目录），然后使用 mvn install 指令进行打包（首次打包会进行 pom 依赖文件的下载，所以需要一定的时间）。

执行完 mvn install 指令后的效果如图 10-4 所示。

```
manager1@manager1: ~/workspace/microservice_project/microservice-mallmanagement
[INFO] Reactor Summary:
[INFO]
[INFO] microservice-mallmanagement ........................ SUCCESS [  1.891 s]
[INFO] microservice-eureka-server ......................... SUCCESS [ 22.928 s]
[INFO] microservice-gateway-zuul .......................... SUCCESS [  9.696 s]
[INFO] microservice-orderservice .......................... SUCCESS [ 12.657 s]
[INFO] microservice-userservice ........................... SUCCESS [ 10.048 s]
[INFO] ------------------------------------------------------------------------
[INFO] BUILD SUCCESS
[INFO] ------------------------------------------------------------------------
[INFO] Total time: 58.241 s
[INFO] Finished at: 2017-10-30T13:59:31+08:00
[INFO] Final Memory: 50M/350M
[INFO] ------------------------------------------------------------------------
manager1@manager1:~/workspace/microservice_project/microservice-mallmanagement$
```

图10-4　执行mvn install后的效果

如果出现如图 10-4 所示的“BUILD SUCCESS”信息，就表示打包、镜像构建和推送成功。如果某个过程执行失败，也可以从终端页面查看错误信息。

当确定全部执行成功后，我们还可以实际确认。先通过 docker images 指令查看镜像列表中是否有生成的指定镜像，然后再次进入本地私有镜像仓库配置的挂载目录/mnt/registry/docker/registry/v2/repositories 进行确认，查看生成的镜像是否也推送到了本地仓库。

注意

在 Docker 机器上正式打包部署时，项目配置文件中的服务地址将不再是 localhost 的本地连接，需要按照第 9 章介绍微服务项目整合时的配置文件提示进行相应修改。

10.4 微服务的手动部署

准备好服务部署所需环境以及服务镜像后，就可以正式部署微服务项目了。这里根据具体的开发情况介绍两种部署服务的方式：非集群环境下的服务部署和集群环境下的服务部署。

10.4.1 非集群环境下的服务部署

非集群环境下的服务部署就是将整个微服务项目运行在单个 Docker 主机环境下。这里先在 manager1 机器上安装 Docker Compose 编排工具（参考 10.1.2 小节），通过该编排工具执行 docker-compose.yml 文件进行非集群环境下的服务部署。具体部署服务过程如下。

1. 登录私有仓库

由于此次部署的微服务所需的镜像都存放在本地私有镜像仓库，并且本地私有仓库配置有用户认证，所以想要通过本地私有仓库的镜像部署服务，就必须先登录认证，获取镜像的使用权限（Docker Hub 远程仓库镜像则不需要登录认证）。具体操作指令如下。

```
$ docker login 192.168.197.143:5000
```

执行上述指令就可以登录到指定服务地址的 Docker Registry 本地私有镜像仓库了。此后该 Docker 机器就会处于持续认证状态，我们可以使用 docker logout 192.168.197.143:5000 指令退出认证。

2. 部署服务

进入到项目 docker-compose.yml 文件所在目录下，执行服务部署指令来部署整个微服务项目，具体指令如下。

```
$ docker-compose up
```

使用 docker-compose up 指令是在前台部署整个服务，终端窗口会打印出所有启动信息。如果不想看到这些信息，还可以使用 docker-compose up -d 指令在后台部署服务。

当服务部署完成后，可以通过 docker ps 指令查看所有服务是否都已正常运行（多个相互依赖的服务同时部署过程可能需要一定的时间），其效果如图 10-5 所示。

```
manager1@manager1: ~
manager1@manager1:~$ docker ps
CONTAINER ID        IMAGE                                                              COMMAND                  CREATED             STATUS
    PORTS                    NAMES
a5f4e4312506        192.168.197.143:5000/microservice-gateway-zuul:0.0.1-SNAPSHOT     "java -Xmx200m -ja..."   13 minutes ago      Up 13 minutes
    0.0.0.0:8050->8050/tcp   microservicemallmanagement_gateway-zuul_1
66ed0d884e8b        192.168.197.143:5000/microservice-orderservice:0.0.1-SNAPSHOT     "java -Xmx200m -ja..."   13 minutes ago      Up 13 minutes
    0.0.0.0:7900->7900/tcp   microservicemallmanagement_order-service_1
ce59832850bb        192.168.197.143:5000/microservice-userservice:0.0.1-SNAPSHOT      "java -Xmx200m -ja..."   13 minutes ago      Up 13 minutes
    0.0.0.0:8030->8030/tcp   microservicemallmanagement_user-service_1
133b65ef6393        mysql:5.6                                                          "docker-entrypoint..."   13 minutes ago      Up 13 minutes
    0.0.0.0:3306->3306/tcp   microservicemallmanagement_mysql_1
aa8425aec09c        192.168.197.143:5000/microservice-eureka-server:0.0.1-SNAPSHOT    "java -Xmx200m -ja..."   13 minutes ago      Up 13 minutes
    0.0.0.0:8761->8761/tcp   microservicemallmanagement_eureka-server_1
55a8ee640766        dockersamples/visualizer:stable                                    "npm start"              13 minutes ago      Up 13 minutes
    0.0.0.0:8081->8080/tcp   microservicemallmanagement_visualizer_1
2a72127b5bfd        registry:2                                                         "/entrypoint.sh /e..."   3 days ago          Up 3 hours
    0.0.0.0:5000->5000/tcp   localregistry
manager1@manager1:~$
```

图10-5 项目启动情况

从图 10-5 可以看出，所有的服务都已正常启动。此时，容器中对应的应用也已可以正常访问（后续会介绍具体的测试方式）。当不再需要某个服务时，可以在项目 docker-compose.yml

文件所在同级目录下使用结束指令结束整个服务，具体操作指令如下。

```
$ docker-compose down
```

10.4.2　集群环境下服务部署

在集群环境下部署服务需要将之前准备的另外两个工作节点 worker1 和 worker2 机器全部启动，并且一定要确保 manager1、worker1 和 worker2 都已加入同一个集群中，同时 manager1、worker1 和 worker2 中都已添加了本地私有仓库的服务地址。具体服务部署过程如下。

1. 集群服务中的网卡选择性注册

正式在 Docker Swarm 集群环境下部署服务之前，还需要先来查看一个问题。在集群管理节点 manager1 上使用 docker network ls 指令查看集群搭建后的网络列表详情，如图 10-6 所示。

```
manager1@manager1: ~
manager1@manager1:~$ docker network ls
NETWORK ID          NAME                DRIVER              SCOPE
3bac2defd549        bridge              bridge              local
4a079d72f6c9        docker_gwbridge     bridge              local
32498c821852        host                host                local
ptzrxmcc8cha        ingress             overlay             swarm
cf25a9b0bffb        none                null                local
manager1@manager1:~$
```

图10-6　集群搭建后的网络列表详情

从图 10-6 可以看出，当集群环境搭建完成后，会默认增加名为 docker_gwbridge 和 ingress 的网络。其中 ingress 是集群环境下所有服务默认的网络管理方式，它主要用于在不同集群节点之间实现同一个服务的负载均衡，并且会默认为所有集群服务分配一个子网进行管理，而我们搭建微服务时，会根据需求自定义以 overlay 为驱动的网络用于多服务之间的通信管理。

这样，在搭建的集群环境下，就会出现多网卡网络管理的情况。由于它们分别对应不同的业务管理，所以可能会使得注册到 Eureka 中的服务地址有偏差，从而导致服务之间的通信失败，以及 API 网关代理的通信失败问题。

针对这个可能出现的问题，我们需要将自定义的网络，选择性地注册到 Eureka 注册中心上，具体的实现过程如下。

（1）根据微服务项目的需求，在集群环境下预先自定义一个以 overlay 为驱动的网络进行本地集群服务网络管理，具体操作指令如下。

```
$ docker network create -d overlay --subnet 10.0.0.0/24 microservice_net
```

执行上述指令后，会创建一个以 overlay 为驱动，名为 microservice_net 的网络，并且通过 --subnet 参数指定该自定义网络的子网地址以 10.0 开头。

（2）在所有需要注册到 Eureka 注册中心的服务（包括 microservice-gateway-zuul、microservice-orderservice 和 microservice-userservice 服务）的配置文件 application.yml 中，添加指定注册到 Eureka 中心的优选服务子网地址信息，具体内容如下。

```
spring:
  cloud:
    inetutils:
```

```
      preferred-networks:
      - 10.0
  eureka:
    instance:
     prefer-ip-address: true
```

上述配置中，首先使用 preferred-networks 设置了该服务优选的网段以 10.0 开头，这与上面自定义的子网地址属于同一个网段；然后设置了 prefer-ip-address 属性值为 true，表示优选通过 IP 地址找到对应的服务名称。

（3）修改服务部署的编排文件 docker-compose.yml，将所有服务启动时的网络设置为前面预先自定义的 microservice_net 网络来进行网络管理，将修改后的编排文件重命名为 docker-compose-swarm.yml，如文件 10-4 所示。

文件 10-4　docker-compose-swarm.yml

```
1  version: "3"
2  services:
3   mysql:
4     image: mysql:5.6
5     restart: on-failure
6     ports:
7       - 3306:3306
8     volumes:
9       - microservice-mysql:/var/lib/mysql
10    environment:
11      MYSQL_ROOT_PASSWORD: root
12      MYSQL_DATABASE: microservice_mallmanagement
13    deploy:
14      replicas: 1
15      restart_policy:
16        condition: on-failure
17      placement:
18        constraints: [node.role == manager]
19   eureka-server:
20    image: 192.168.197.143:5000/microservice-eureka-server:0.0.1-SNAPSHOT
21    restart: on-failure
22    ports:
23      - 8761:8761
24    deploy:
25      replicas: 1
26      restart_policy:
27        condition: on-failure
28   gateway-zuul:
29    image: 192.168.197.143:5000/microservice-gateway-zuul:0.0.1-SNAPSHOT
30    restart: on-failure
31    ports:
32      - 8050:8050
33    depends_on:
34      - eureka-server
35    deploy:
```

```
36        replicas: 1
37        restart_policy:
38          condition: on-failure
39        placement:
40          constraints: [node.role == manager]
41    order-service:
42      image: 192.168.197.143:5000/microservice-orderservice:0.0.1-SNAPSHOT
43      restart: on-failure
44      ports:
45        - 7900:7900
46      depends_on:
47        - mysql
48        - eureka-server
49      deploy:
50        replicas: 2
51        restart_policy:
52          condition: on-failure
53    user-service:
54      image: 192.168.197.143:5000/microservice-userservice:0.0.1-SNAPSHOT
55      restart: on-failure
56      ports:
57        - 8030:8030
58      depends_on:
59        - mysql
60        - eureka-server
61      deploy:
62        replicas: 2
63        restart_policy:
64          condition: on-failure
65      visualizer:
66        image: dockersamples/visualizer:stable
67        ports:
68          - 8081:8080
69        volumes:
70          - /var/run/docker.sock:/var/run/docker.sock
71  networks:
72    default:
73      external:
74        name: microservice_net
75  volumes:
76    microservice-mysql:
```

从文件 10-4 可以看出，同文件 10-3 相比，该文件去除了每个服务下的 networks 参数配置，并且在最下方通过 external:name:microservice_net 指定了外部已经预先自定义的网络 microservice_net，让所有的服务使用该网络进行管理。至此，多网卡的注册问题就已经得到了解决。

2. 集群服务部署

当搭建好集群部署环境、完成服务镜像的构建并解决多网卡注册的问题后，就可以根据

docker-compose-swarm.yml 服务编排文件部署微服务项目了。

（1）登录私有仓库

同 10.4.1 小节中非集群环境下的服务部署一样，此次进行集群环境下微服务部署时也必须先登录本地私有镜像仓库 ，进行登录认证，获取镜像的使用权限（Docker Hub 远程仓库镜像则不需要登录认证）。具体操作指令如下。

```
$ docker login 192.168.197.143:5000
```

（2）部署服务

进入微服务项目中 docker-compose-swarm.yml 文件所在目录下，使用 docker stack deploy 部署服务，具体操作指令如下。

```
$ docker stack deploy \
    -c docker-compose-swarm.yml \
    --with-registry-auth \
    mallmanagement
```

上述指令中，docker stack deploy -c docker-compose-swarm.yml 表示使用当前目录下的 docker-compose-swarm.yml 文件部署服务到当前主机所在集群中；--with-registry-auth 参数是对该集群下的所有节点进行通知，表示所有节点要到指定的本地私有仓库拉取镜像来启动服务（如果使用的是 Docker Hub 镜像仓库，此参数可省略）；mallmanagement 是自定义的整个集群服务的总名称。

上述部署服务的指令是直接在后台启动整个微服务项目的，启动完成后，可以在集群管理节点上使用 docker service ls 指令查看服务列表详情，效果如图 10-7 所示。

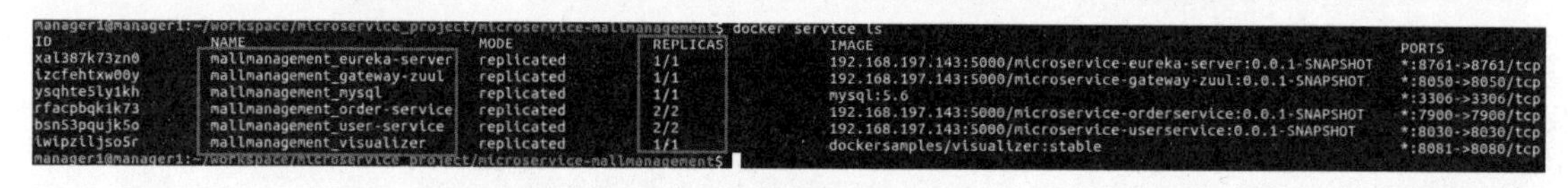

图10-7　查看服务列表详情

从图 10-7 可以看出，集群环境下的所有服务的副本实例都已经正常启动。因为该微服务项目是部署在 Docker Swarm 集群服务上的，所以这些服务实例（此处共有 8 个服务实例）会随机分配到集群中的三个节点中（docker-compose-swarm.yml 中配置有 placement 参数的服务实例会在指定节点上运行）。此时我们可以在集群管理节点上，使用 docker stack 的相关指令查看整个微服务项目在集群节点的分配与启动情况，具体操作指令如下。

```
$ docker stack ps mallmanagement
```

上述指令中，docker stack ps 用于查看整个微服务项目在集群节点的分配与启动情况，其中的 mallmanagement 就是在部署集群服务时指定的服务名称。

另外，由于在集群环境下部署服务是在后台启动的，所以在 Docker 客户端无法查看各个服务的启动详情。这里可以在集群管理节点上通过 Docker service 提供的服务日志指令来进一步查看某个具体服务从启动到运行的整个日志情况，具体操作指令如下。

```
$ docker service logs -f mallmanagement_order-service
```

上述指令中，docker service logs 用于查看服务日志详情；-f 参数用于指定需要查看服务日志的服务名称；mallmanagement_order-service 就是 docker service ls 指令列举的某个具体的服务名称。

10.4.3 微服务测试

前面两个小节已经介绍了微服务部署所需搭建的环境以及在非集群环境下和集群环境下微服务项目的具体部署方法，但是部署成功后，我们要如何对所部署的服务进行测试呢？本节将针对微服务应用部署后的测试进行讲解。

（1）通过 visualizer 集群服务可视化工具查看服务启动情况。微服务项目部署成功后，可以通过地址 http://192.168.197.143:8081/（注意这是本书中 manager1 的主机地址，读者测试时需要使用自己的主机地址）查看集群服务可视化工具 visualizer 界面的显示情况，效果如图 10-8 所示。

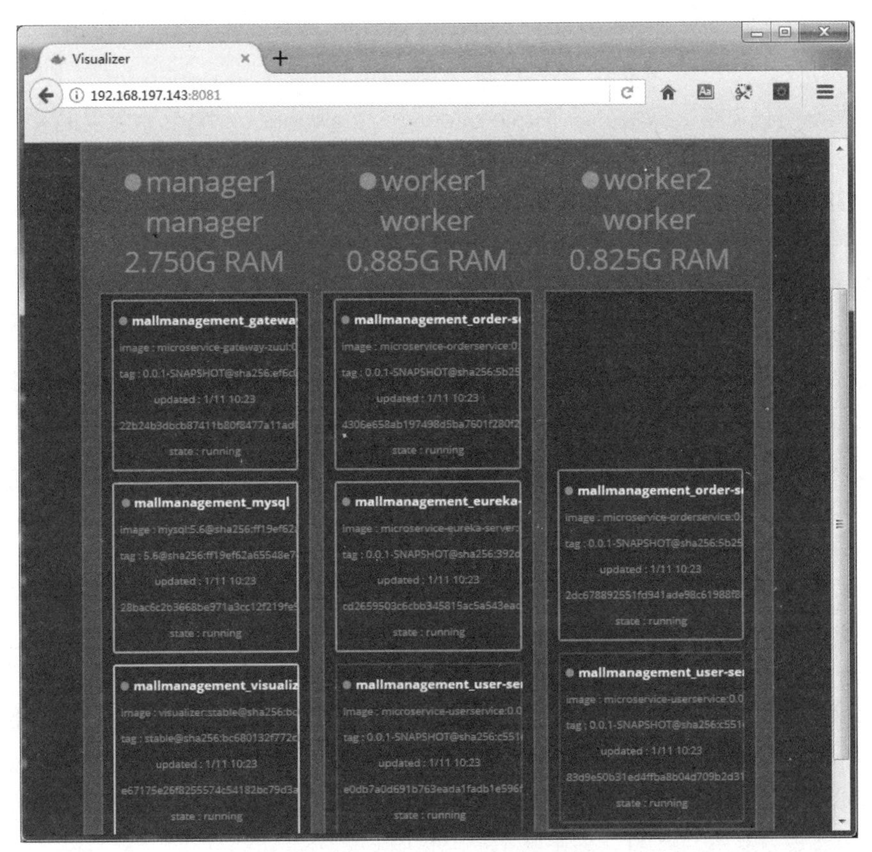

图10-8 visualizer界面的显示情况

从图 10-8 中可以看出，所有的（共 8 个）微服务实例都已经随机部署到了三个服务节点上，并且运行正常（浏览器中显示的绿色点表示正常，红色点表示异常），我们可以选中某一个服务实例查看具体实例详情（注意有些浏览器可能会默认阻止弹窗功能）。

注意

在非集群环境下部署微服务后，访问 visualizer 可视化界面是没有任何效果的，此种情况下，可以跳过此步骤。

（2）通过 Eureka 注册中心查看服务的启动情况。我们还可以通过地址 http://192.168.197.143:8761/访问 Eureka 服务注册中心的情况，查看其他微服务是否都已启动并注册到该注册中心，效果如图 10-9 所示。

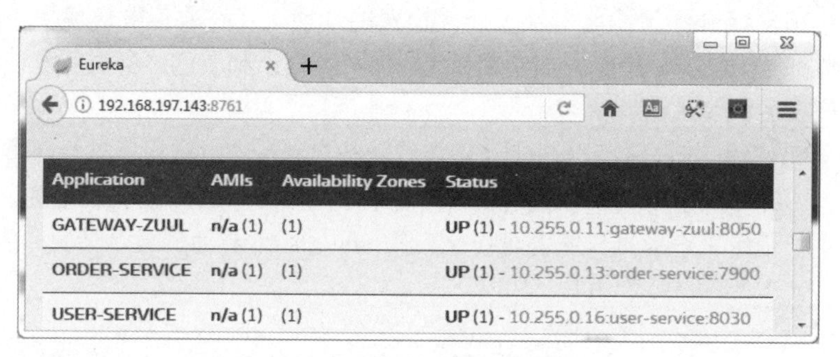

图10-9　访问Eureka服务注册中心

从图 10-9 可以看出，微服务项目 microservice-mallmanagement 中包含的 4 个子项目都已正常启动，并且其他 3 个子项目都已经注册到了 Eureka 服务注册中心上。

（3）将数据库数据初始化。本书中 MySQL 数据库是使用 Docker 容器构建的，所以对 MySQL 数据库进行初始化时需要先安装一个 MySQL 客户端，具体操作指令如下。

```
$ sudo apt install mysql-client-core-5.7
```

执行上述指令后，就会在当前 Docker 机器上安装一个版本为 5.7 的 MySQL 客户端（这是使用当前 Ubuntu 下自带的安装包进行安装的），通过该客户端我们就可以连接到刚才启动的 MySQL 数据库服务上，具体操作指令如下。

```
$ mysql -h 127.0.0.1 -uroot -p
```

行上述指令并连接成功后，就可以参考第 9 章中的 9.1.3 小节对数据库 microservice_mallmanagement 中的表和数据进行初始化了。

当然我们也可以不用在 Docker 机器上安装 MySQL 客户端来连接数据库进行数据操作，通过 MySQL 客户端连接工具（如 Navicat）连接到启动的 MySQL 数据库的服务地址也可以进行数据库数据的初始化操作。

（4）测试微服务。分别连接用户管理微服务和订单管理微服务的访问地址进行测试，具体地址分别为 http://192.168.197.143:8030/swagger-ui.html 和 http://192.168.197.143:7900/swagger-ui.html（读者需要根据自己项目的服务地址进行访问）。此时测试方式同第 9 章中的 9.2.2 小节 Swagger-UI 效果测试完全一样，这里就不再进行展示说明。

（5）测试验证 API 网关服务。订单微服务接口调用方法为 http://192.168.197.143:7900/order/findOrders/1，而用户微服务接口调用方法为 http://192.168.197.143:8030/user/findOrders/shitou，当使用 Zuul 网关代理服务后，这两个微服务接口调用方法则分别更改为 http://192.168.197.143:8050/order-service/order/findOrders/1 和 http://192.168.197.143:8050/user-service/user/findOrders/shitou（此时通过 API 网关访问其他所有的微服务时，访问者只会看到访问的是同一个服务地址下的内容），效果分别如图 10-10 和图 10-11 所示。

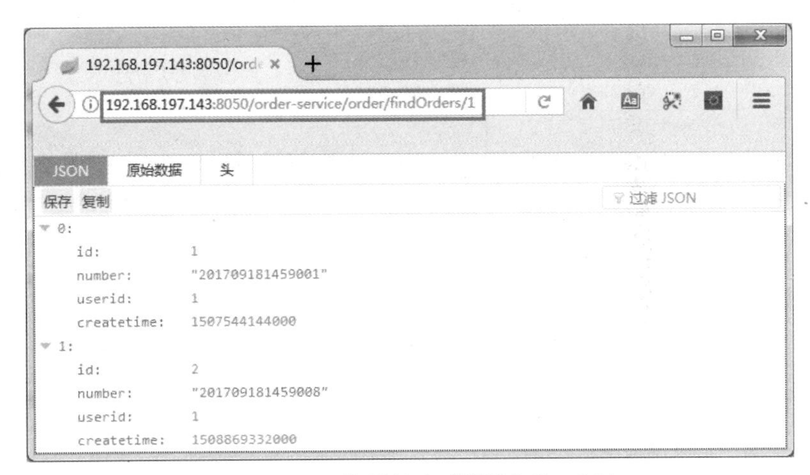

图10-10　Zuul代理访问订单微服务接口（1）

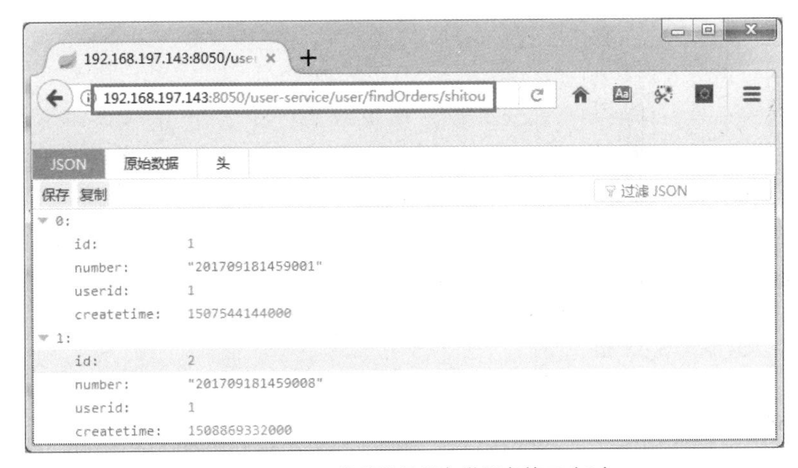

图10-11　Zuul代理访问用户微服务接口（2）

10.5 使用 Jenkins 自动部署微服务

在上一小节中，整个微服务项目都是通过手动部署的，但是在实际开发过程中，代码会不断地更新，这时就需要不断地进行项目部署和测试，如果还使用手动部署服务的方式，将会非常麻烦的，所以本节将介绍一种持续集成工具 Jenkins 来完成微服务项目的持续集成和自动化部署。

10.5.1　Jenkins 介绍

Jenkins 是一个基于 Java 开发的开源软件项目，用于支持构建、部署和自动化任何项目。在实际开发中，通常将它作为项目的持续集成、部署工具来使用，其使用场景可以通过一张图来表达，如图 10-12 所示。

在图 10-12 中，Jenkins 进行项目集成管理的流程如下。

（1）开发人员将更改后的代码提交到代码仓库中（如 GitHub）。

（2）持续集成工具 Jenkins 会定期（或人工手动）从代码仓库拉取指定项目。

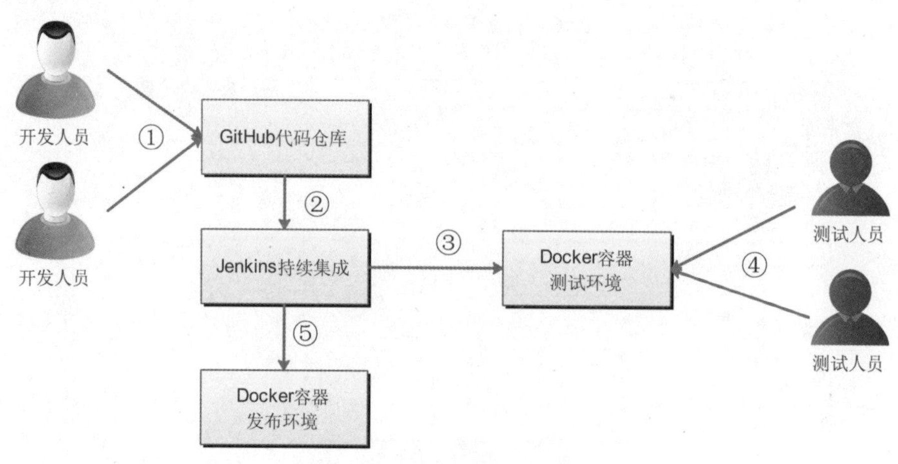

图10-12　自动部署平台架构

（3）Jenkins 工具会根据具体配置，自动化打包、构建镜像、推送镜像，并最终生成 Docker 容器来启动服务，形成对应的测试环境。

（4）测试人员会在对应的测试环境下测试 Jenkins 自动化集成、部署的服务。

（5）当项目测试成功后，可以使用 Jenkins 工具将测试成功的项目自动构建到发布环境下，也可以人工手动部署到发布环境下。

当使用 Jenkins 后，无需人工操作就可以自动化完成项目的持续集成和部署，这对于实际项目开发来说，有着极大的好处。

10.5.2　Jenkins 安装

Jenkins 官网提供了多种安装方式，包括基于 Java 的 war 包，Linux、MacOS 和 Windows 系统等方式。这里我们选择比较通用的 war 包方式为例，在集群管理节点 manager1 机器上安装一个 Jenkins 工具（由于 Jenkins 是由 java 开发的，所以在安装 Jenkins 之前要确保已安装了 JDK 并配置了系统环境），具体步骤如下。

1. 下载 Jenkins

在浏览器中输入 Jenkins 官网地址 https://jenkins.io/download/访问其下载页面，选中页面中 Long-term Support（LTS，长期支持）版本最下方的 Generic java package（.war），进行 Jenkins 的 war 包下载，如图 10-13 所示。

2. 启动 Jenkins 服务

将下载好的 jenkins.war 放到 manager1 机器中的某个目录下，直接使用如下指令即可启动 Jenkins 服务。

```
$ java -jar jenkins.war --httpPort=49001
```

执行上述指令后，就会在 Linux 系统上通过 war 包的方式启动 Jenkins 服务。

需要注意的是，Jenkins 内部默认配置的端口是 8080（这与开发中很多端口有冲突），所以我们在启动 Jenkins 服务时，使用--httpPort 参数指定了服务启动的端口为 49001。

3. Jenkins 初始化安装

通过浏览器访问地址 http://192.168.197.143:49001 就可以正式访问 Jenkins 服务，在首次安装访问 Jenkins 时，会涉及 Jenkins 的初始化安装，具体说明如下。

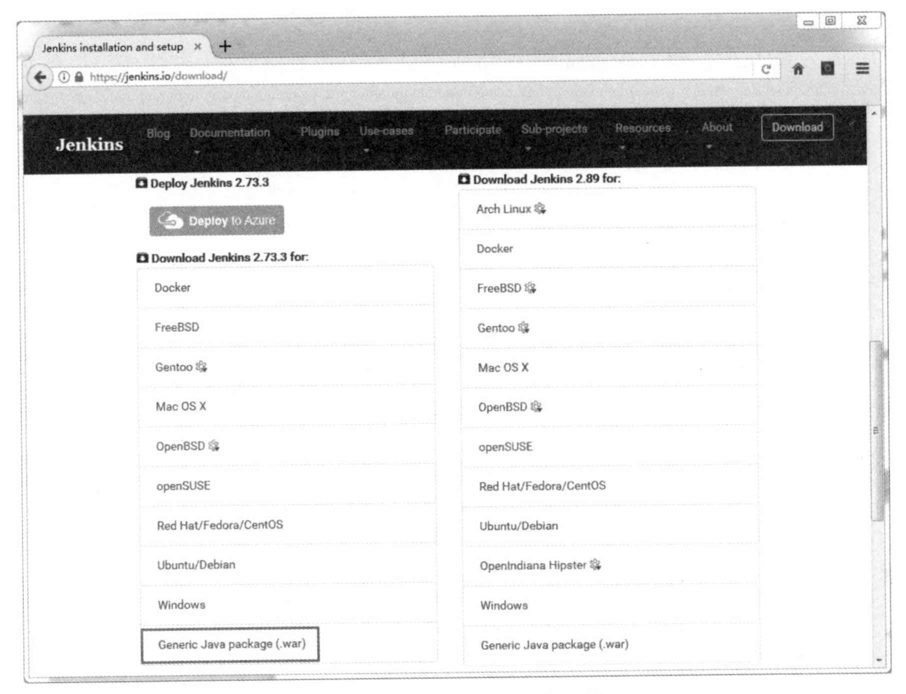

图10-13　Jenkins的war包下载

（1）初始化认证密码

在 Jenkins 首次启动并访问时需要一个认证密码，该密码在 Jenkins 初次启动时会自动生成并存储在 jenkins 目录的某个文件中（初始化页面会有提示，本示例中的初始化密码存储位置在 /home/manager1/.jenkins/secrets/initialAdminPassword 文件中），输入指定密码后，单击右下角的“Continue”按钮即可，其效果如图 10-14 所示。

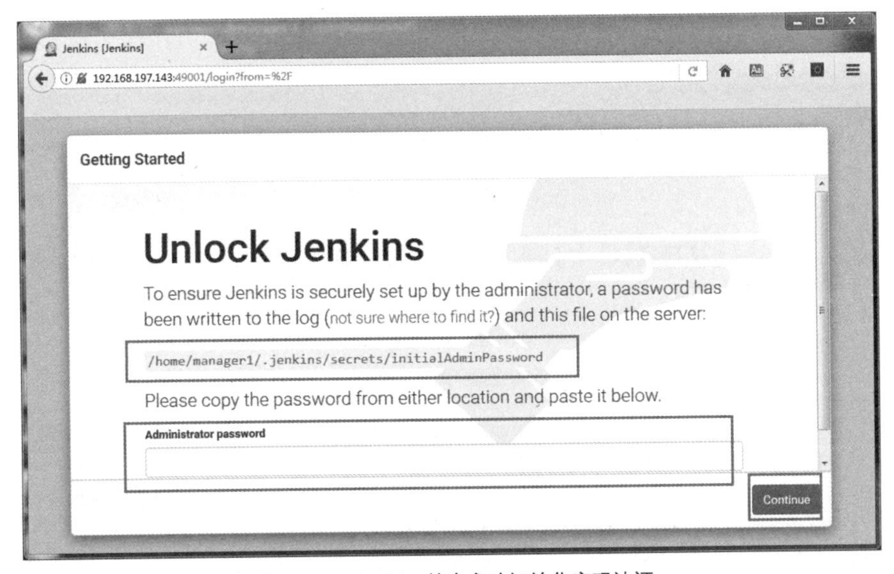

图10-14　Jenkins首次启动初始化密码认证

（2）初始化插件安装

输入初始化认证密码后，会进入一个 Jenkins 插件定制安装界面，这也是首次启动访问 Jenkins 时会出现的页面，页面中会提供 Install suggested plugins（安装建议插件）和 Select plugins to install（自行选择插件安装）两种方式，其效果如图 10-15 所示。

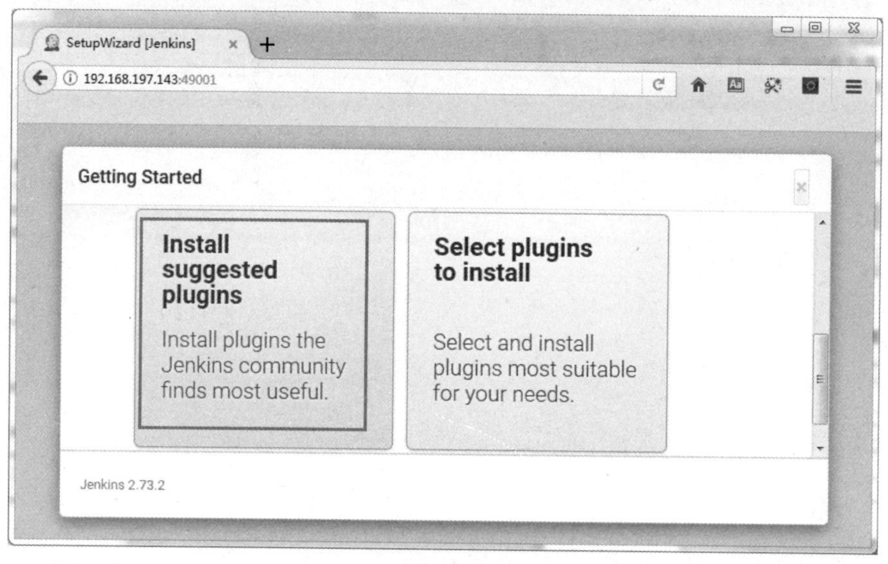

图10-15　Jenkins首次启动初始化插件安装

通常情况下，都会选择左侧的 Install suggested plugins 进行初始化插件安装，然后 Jenkins 服务就会进入插件安装过程。

（3）创建管理员用户

当完成上一步初始化插件安装后，页面会自动跳转到一个 Create First Admin User（创建管理员用户）的页面，需要输入管理员信息，其效果如图 10-16 所示。

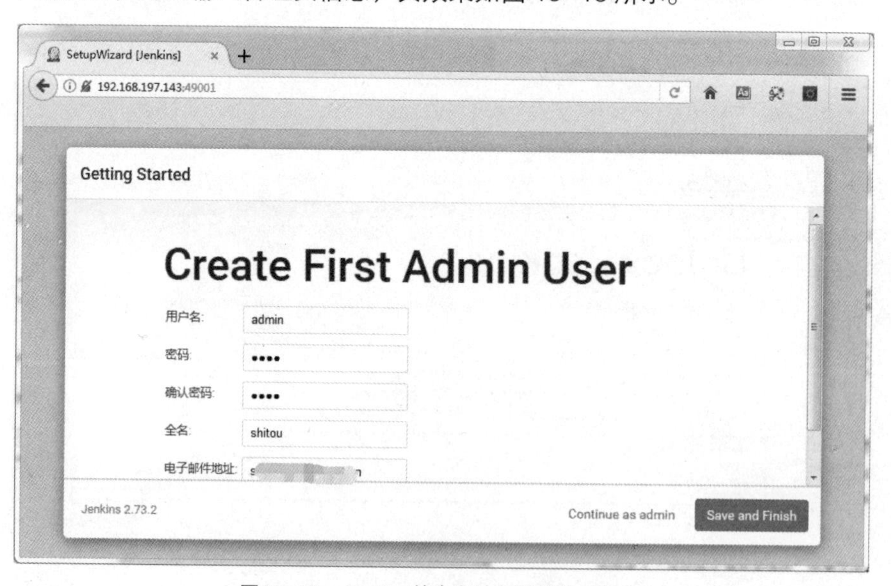

图10-16　Jenkins首次启动创建管理员用户

在该页面编辑好管理员信息后，单击右下角的“Save and Finish”按钮，就完成了 Jenkins 的初始化操作，然后在后续页面中单击“Start using Jenkins”按钮就可以正式进入 Jenkins 主页面，其效果如图 10-17 所示。

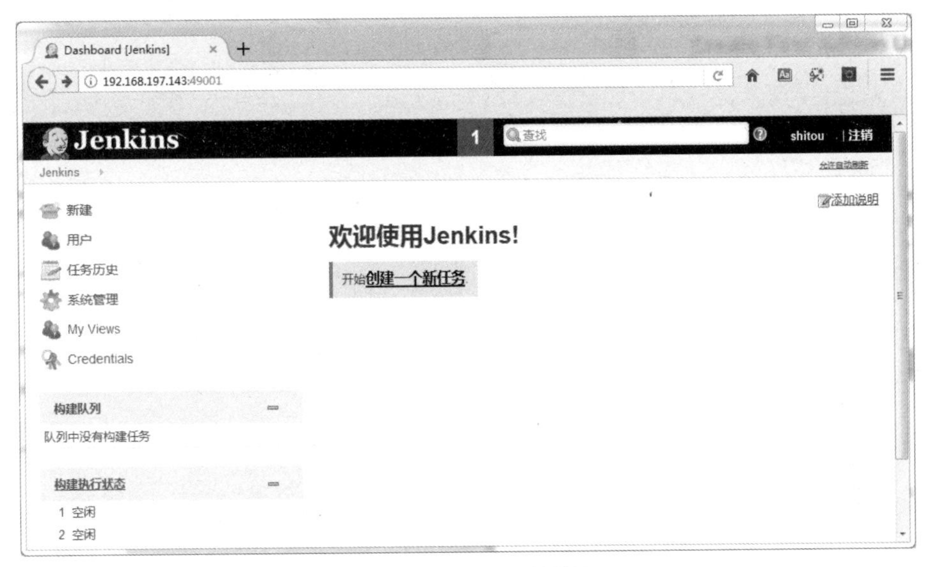

图10-17　Jenkins主页面

到达该主页面后，就表示 Jenkins 安装及初始化完毕。

小提示

由于 Jenkins 自带了多国语言包，可以自动识别操作系统的语言作为 Jenkins 的系统语言，所以在安装完成后，我们就不必额外安装系统语言包了。

10.5.3　Jenkins 集成插件配置

Jenkins 安装完成后，如果想要完成项目的自动化持续集成和部署工作，就需要针对与项目有关的软件进行安装和配置，该配置过程具体如下。

1. 安装 Maven 插件

因为我们之前创建的微服务是 Maven 项目，在使用 Jenkins 时也需要创建一个 Maven 项目进行持续集成，所以这里需要配置 Maven 插件。

依次单击主页面的“系统管理”→“插件管理”→“可选插件”面板，然后在右侧搜索框输入“Maven Integration plugin”关键字进行搜索。搜索出结果后，选中该插件，并单击下方的“直接安装”按钮，即可进行 Maven 插件安装，其效果如图 10-18 所示。

2. 系统全局插件配置

完成所需插件的安装后，必须在 Jenkins 上进行全局插件配置，这样才能让 Jenkins 与其他软件关联工作，这里配置的全局插件主要有 JDK（项目编译工具）、Git（代码仓库 GitHub 管理工具）、Maven（项目打包工具）和 Docker（项目部署工具）。

依次单击主页面的“系统管理”→“Global Tool Configuration”面板，进入全局插件配置页面，然后根据整个项目从拉取代码到部署服务所需要的工具进行配置，各个插件工具的配置效果分别如图 10-19、图 10-20 和图 10-21 所示。

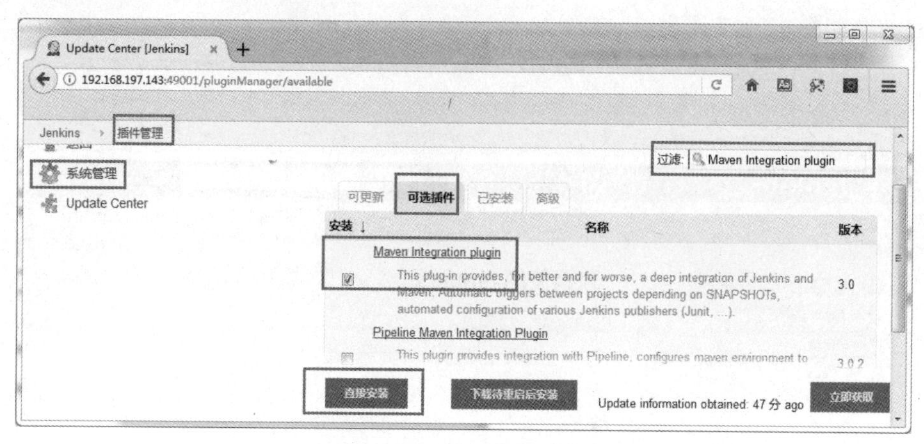

图10-18　安装Maven插件

JDK

JDK 安装　　JDK

别名　jdk1.8

JAVA_HOME　/usr/lib/jvm/jdk1.8.0_144

自动安装

删除 JDK

图10-19　JDK配置

Maven

Maven 安装　　Maven

Name　maven3.5

MAVEN_HOME　/opt/apache-maven-3.5.0

自动安装

删除 Maven

新增 Maven

图10-20　Maven配置

Docker

Docker 安装　　Docker

Name　docker

Installation root　/usr/lib/docker

自动安装

删除 Docker

新增 Docker

图10-21　Docker配置

需要说明的是，由于 Jenkins 中对 Git 已经有了默认配置，所以我们不需要做任何修改（当然也可以参考其他工具的配置方式配置自定义安装的 Git 工具）；JDK 和 Maven 配置的路径则是

10.3.1 小节中搭建基础环境时对应的路径；Docker 的路径也是 manager1 机器上安装的 Docker 路径（可以通过 whereis docker 指令查看，默认配置路径为/usr/lib/docker）。这里所有工具的名称都可以自行定义。

完成全局工具配置后，单击左下角的“Save”按钮就会跳转到 Jenkins 主页面。至此，Jenkins 中的插件配置就已经完成。

小提示

在上面 Global Tool Configuration 系统全局插件配置页面中，Jenkins 也提供了相关工具的自动安装，这种自动安装方式是在 Jenkins 插件内部与 Jenkins 进行集成，并且安装完成后会自动进行配置，无需再手动配置。不过这种自动安装方式对于网速有一定要求，并且安装比较慢，不太容易安装成功，所以通常会将默认的自动安装勾选去掉，选择自定义方式进行相关工具的安装配置。

10.5.4　服务自动化部署

完成 Jenkins 的安装配置后，就可以使用 Jenkins 工具来自动化集成、部署微服务项目了，其具体使用方式如下。

1. 构建新任务

在 Jenkins 主页面，单击左侧的“新建”按钮，将会跳转到任务构建界面，其效果如图 10-22 所示。

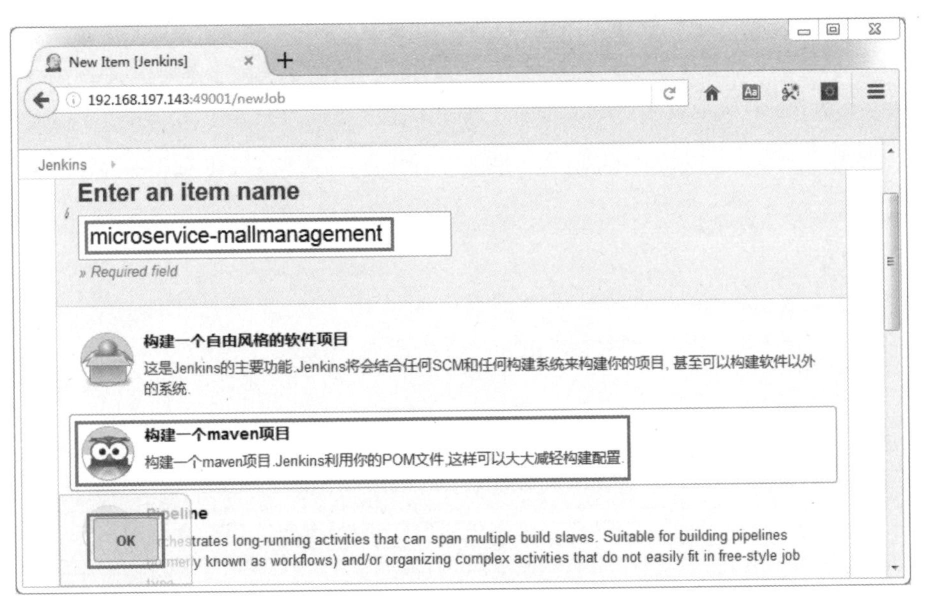

图10-22　任务构建界面

在任务构建页面中填写需要自动化集成、部署的任务名称，然后选中“构建一个 maven 项目”，最后单击“OK”按钮就会自动跳转到该任务配置页面，如图 10-23 所示。

从图 10-23 中框选部分内容可以看出，想要使用 Jenkins 完成自动化构建、部署工作，还需要对构建任务分步骤进行配置，其主要配置项的配置步骤如下。

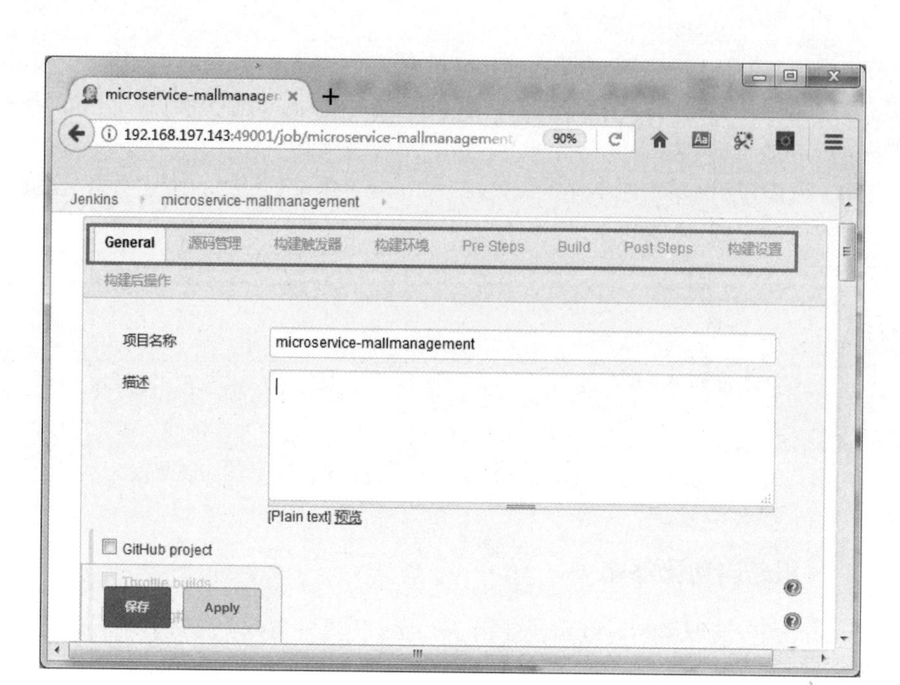

图10-23　构建任务配置界面

（1）配置源码仓库地址

使用 Jenkins 自动构建任务，就需要从源码仓库（这里使用的是 GitHub）自动拉取此次构建任务的项目源码。在“源码管理”中选择“Git”，并在“Repository URL”中输入该项目所在的 GitHub 源码地址（这里配置的地址就是第 9 章介绍的商城管理微服务架构项目 microservice_mallmanagement 的源码地址），如图 10-24 所示。

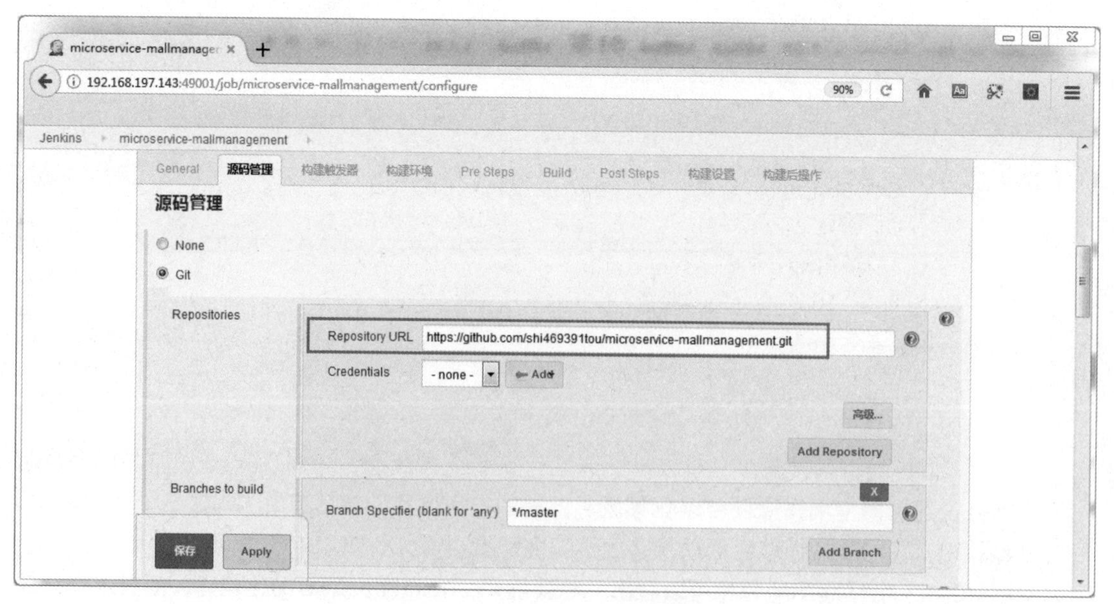

图10-24　配置GitHub源码地址

小提示

读者在配置 GitHub 源码地址时，一定要保证 GitHub 代码仓库中生成和部署的服务镜像前缀与自己搭建的本地私有仓库服务地址一致。如果读者在配置时，直接使用了第 9 章介绍的商城管理微服务项目的源码地址进行服务构建，那必须确保服务地址为 192.168.197.143:5000 的本地私有镜像仓库已启动并可用。

（2）构建触发器

构建触发器就是构建任务时的触发规则，用来规定什么时候触发任务的构建，其具体情形如图 10-25 所示。

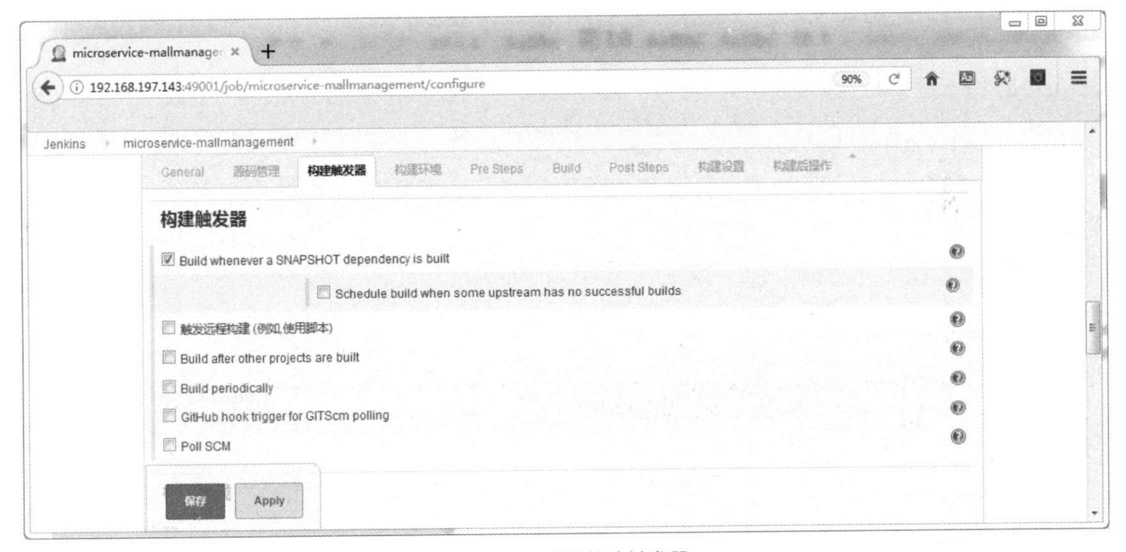

图10-25　配置构建触发器

从图 10-25 可以看出，Jenkins 构建触发器提供了多种构建规则，这里针对其中常用的 3 种构建规则进行介绍，具体如下。

- Build periodically：表示在某个时间点进行自动任务构建，比如“H 2 * * *”表示每天凌晨 2 点开始执行项目构建（不管项目是否更新）。
- Poll SCM：表示每隔一段时间会自动检查更新进行任务构建，比如“*/10 * * * *”表示每 10 分钟开始检查源码，如果有更新就自动执行构建。
- 当默认没有进行构建触发器配置时，我们可以在对应的任务面板中选择“立即构建”按钮，随时进行手工触发任务构建。

（3）服务发布配置

任务构建完成后，可以配置服务部署指令。此示例中，我们将会自动把整个微服务项目自动部署到集群环境下，因此这里就需要进行服务发布配置，其效果如图 10-26 所示。

在 Post Steps（服务发布配置）页面，选择“Add post-build step”下拉列表中的“Execute shell”选项，并在命令框中输入需要发布服务的 shell 指令（这里直接使用 10.4.2 小节中集群环境下服务发布的命令即可）。为了确保集群环境下服务的正常部署，需要确认集群已经开启并且已经预先自定义好指定网段的网络，同时还要在集群管理节点进行私有仓库登录认证。

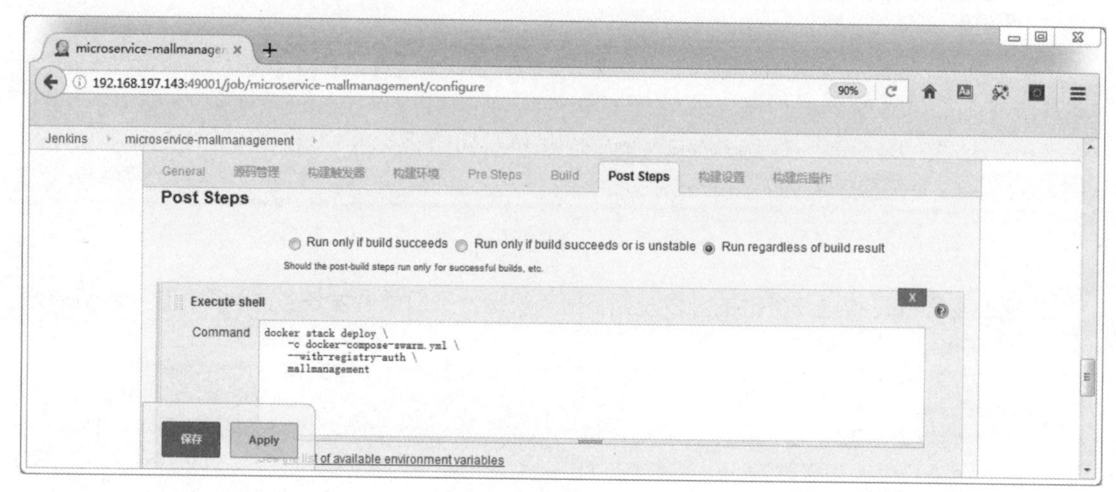

图10-26　服务发布配置

完成上述所有步骤的配置后，单击左下角的“保存”按钮就会跳转到该任务主页面，效果如图 10-27 所示。

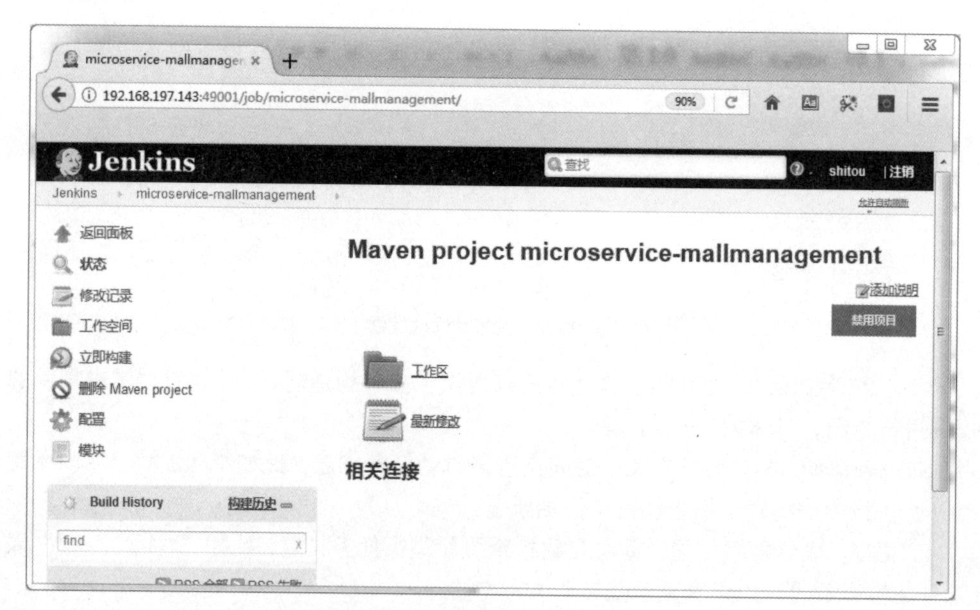

图10-27　任务主页面

另外，关于构建任务配置界面中的其他步骤，如果有需要，还可以进行相应的配置，这里就不做详细介绍了。

2. 自动化部署服务

在任务构建配置页面的构建触发器配置中，如果配置了定期自动构建服务，就不需要再做任何工作了，该构建任务会在指定的触发规则下进行任务的自动构建和部署工作。

为了演示 Jenkins 自动构建、部署服务的效果，单击任务主界面左侧的“立即构建”按钮后，会触发一次立即构建项目的动作，然后整个服务就会进入自动构建过程。此时我们可以单击“构建历史”中的倒三角，选择“Console Output”选项来查看整个构建过程的输出信息，如图 10-28 所示。

图10-28　选择Console Output查看输出信息

选择进入任务对应的 Console Output 输出信息页面后，效果如图 10-29 所示。

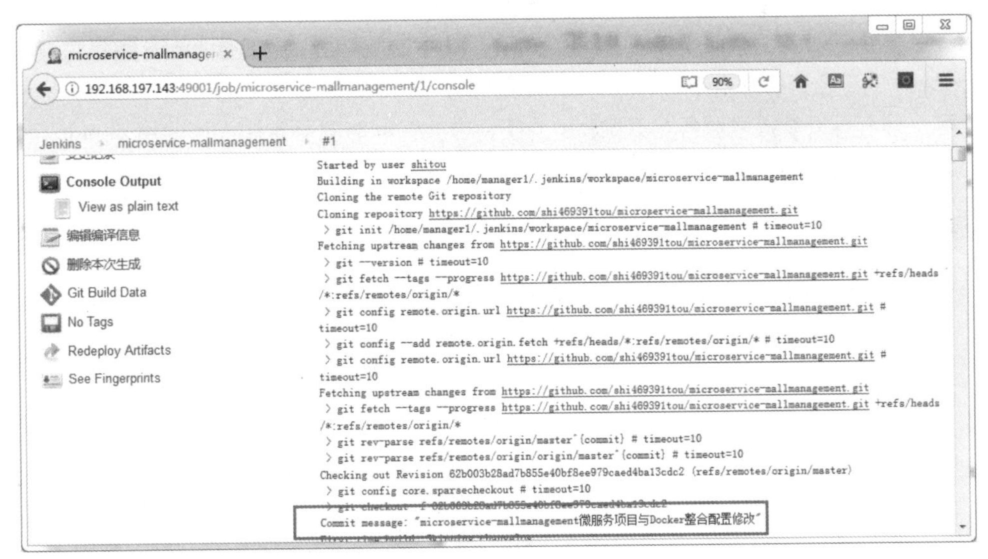

图10-29　输出信息页面

该任务初次自动化构建过程会需要一定的时间，当整个任务构建并发布完成后，Console Output 控制台就会有构建成功或失败的提示信息，如图 10-30 所示。

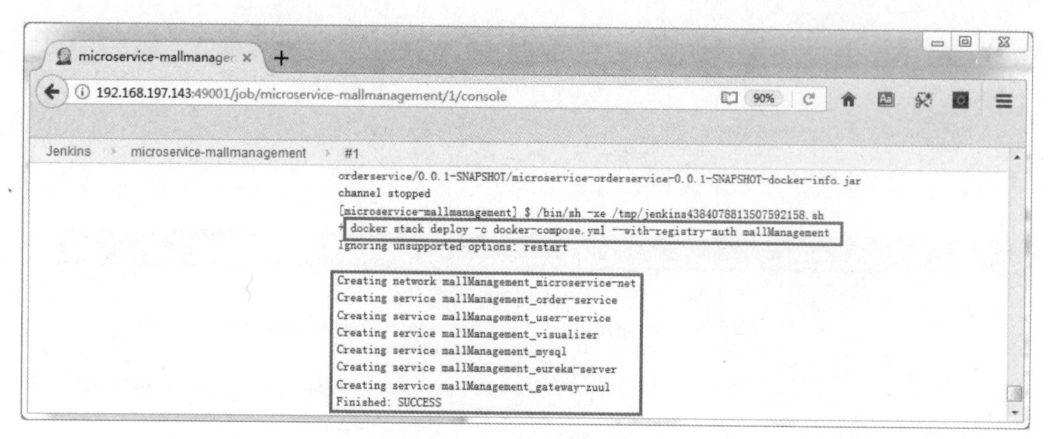

图10-30 控制台提示信息

从图 10-30 可以看出，最终 Console Output 控制台打印出“Finished:SUCCESS”信息，这就表明通过 Jenkins 自动集成的商城管理微服务项目 microservice-mallmanagement 已构建并部署成功。

当使用 Jenkins 完成整个微服务项目的自动集成、部署后，就可以通过 10.4.3 小节中介绍的微服务测试方法进行测试，这里就不再演示了。

至此，整个微服务架构体系的开发、测试和部署就已经讲解完毕。在实际开发中，除了这些最基本工作外，还需要考虑整个服务的日志监控、服务安全等问题，这些内容本书就不做进一步说明，有兴趣的读者可以在网上查找资料学习。

10.6 本章小结

本章主要讲解了有关微服务部署的相关知识，其中涉及 Docker Compose 编排工具、微服务与 Docker 的整合、微服务手动部署，以及使用 Jenkins 完成微服务的自动化部署等。通过本章的学习，读者可以掌握微服务与 Docker 的整合方式，同时能够掌握如何使用 Jenkins 完成微服务项目的自动化集成、部署。

【思考题】

1. 请简述微服务与 Docker 的整合文件及主要配置内容。
2. 请简述微服务在 Docker Swarm 集群环境下进行服务注册时可能出现的问题以及解决方案。